一滴水的地下之旅

郑明霞 杜高胜 闫丽娜 孙源媛 苏婧 编著

刘吉祥 绘

中国纺织出版社有限公司

推荐序

　　水，作为生命之源，流淌在地球的每个角落。无论是江河湖海，还是雨雪霜露，水的存在总是那么自然且不可或缺。然而，有一种水却总是隐匿于我们的视线之外，它默默滋养着大地，支撑着生态系统的平衡与人类社会的发展——它就是地下水。尽管它不为人眼所见，却是地球上最重要的自然资源之一，它的作用和价值不可小觑。

　　想象一下，一滴雨水从天而降，轻轻落在地面上。它缓缓渗入土壤，穿过砂石与沉积层，逐渐融入地球的腹地，成为地下水的一部分。这滴水在地底世界中开始了漫长而神秘的旅程，可能几天，可能几年，甚至可能几千年。它静静地穿梭于岩石的缝隙中，成为我们日常饮用的水源，同时滋润着植物的根系，补给着河流与湖泊。最终，它可能会重新回到地表。虽然这个过程看似平凡，但背后蕴含着无比复杂的自然智慧和科学原理。

　　地下水的重要性不容忽视。根据联合国的报告，全球约三分之一的淡水供应依赖于地下水，尤其是在农业生产、饮用水供应和工业用水中，地下水发挥着不可替代的作用。在许多干旱或半干旱地区，地下水几乎是唯一的淡水来源。它通过补给河流、湿地和湖泊，维持着地表生态系统的健康与稳定，更是人们唯一的饮用水源。尽管地下水如此关键，它却很少被公众关注。我们通常习惯于留意河流的水位、湖泊的面积和水库的储水情况，却极少想到脚下隐藏的宝贵水源。

　　随着人类对地下水的依赖不断加剧，尤其是在农业和工业用水需求的推动下，许多地区的地下水位正以不可持续的速度下降，甚至可能导致地面塌陷等问题。这些问题虽然隐蔽且缓慢，但影响可能是灾难性的，威胁着未来的水资源安全。与此同时，地下水也面临着严重的污染风险。工业废水、农业化肥、城市垃圾通过渗透进入土壤，污染了原本洁净的地下水。地下水污染具有隐蔽性，治理的难度远远超过地表水。地下水中的污染物会随着水流在地下缓慢而持久地扩散，修复可能需要数十年之久，这些污染不仅威胁到饮水安全，也对经济发展构成了直接挑战。

《一滴水的地下之旅》是一部充满趣味的科普读物，以轻松易懂的方式带领读者探索地下水的奥秘。在这本书中，复杂的地下水循环将以简洁的语言和生动的故事娓娓道来。你将了解到一滴水如何在地层间穿行，如何经过天然的过滤系统变得清澈洁净，以及它如何因人类活动而面临污染和枯竭的风险。

地下水是我们最珍贵的资源之一，在阅读本书的过程中，我希望每位读者能更加深刻地理解地下水的重要性，并意识到保护地下水不仅关乎生态环境，也关乎我们的生活质量。每一滴地下水的形成都经历了漫长的旅程，而我们对它的使用与保护应当怀有更多的责任感与敬畏心。

通过这本书的探索，我们将共同寻找更好的方式，去珍惜和守护这片看不见的蓝色宝藏。让我们从这里开始，去倾听那隐藏在地表之下的水声，了解它的来龙去脉，感受它在全球水循环中的默默守护。愿这段旅程不仅能带给你知识，更能唤起你对地下水的关爱与责任。地下水，虽不可见，但它无时无刻不在影响着我们每一个人的生活。

席北斗

2024 年 10 月

序

地下水是人类宝贵的水资源，但因它藏于地下，故而多了几分神秘。

其实人类与地下水的接触由来已久，早在 **7 000** 多年前，我国河姆渡的先民们便打下了最古老的地下水井，开始取用地下水，由此拉开了人类漫长的饮用和使用地下水的序幕。

时至今日，地下水始终在人类生产生活中扮演着重要的角色。我国 **70%** 的城乡居民生活用水和 **40%** 的耕地灌溉用水都来自地下水。同时，地下水也被广泛应用于工业生产中，循环于冷却、制造、清洗等生产环节。

地下水也是重要的矿产资源。"千年盐都"自贡的盐井已经汩汩涌流了 **2 000** 年，迄今仍然是我国最大的井矿盐生产基地。四川凉山的螺髻九十九里被誉为"世界最大温泉瀑布"，拥有丰富的地下热水资源，是人们养生、休闲的好去处。

地下水与人类休戚与共，促使人们不断去探究这个被埋起来的宝藏。自法国学者帕利西、皮埃尔·佩罗、马里奥特和中国的徐光启等先后提出了井泉的水来源与降水或河水有联系的观点以来，人们便从地下水的起源、分类、组分等不同方面开展研究。大约到 20 世纪中叶，有关地下水形成、分布、赋存、运动机制、物理化学成分以及水资源评价等内容，已经有了一套比较完整的理论与研究方法。

随着人类生产生活的不断进步与发展，地下水被大量利用，人类对地下水的影响也开始显现，于是，"地下水污染"逐渐进入了我们的视野。著名的美国"Love Canal 事件"，是 1978 年发生在美国纽约州尼亚加拉瀑布城的一起严重的土壤和地下水污染事件，引发了美国环境运动的高潮，也警醒了人类重新审视地下水环境安全问题。我国华北平原地下水超采等问题，也促使我国加强了对地下水的保护和污染防治。

2023年12月，《中共中央 国务院关于全面推进美丽中国建设的意见》发布，提出开展全国地下水污染调查评价，强化地下水型饮用水水源地环境保护，严控地下水污染防治重点区环境风险的重要任务，为我国地下水环境保护工作提出了明确的方向、目标和要求。保护地下水资源是我们每个人应尽的职责和义务，尤其在地下水科普宣传方面显得非常迫切和重要。

这本书以轻松易懂的方式，带领你探索地下水的奥秘。从一滴水落到地面开始，它会如何渗入土壤，穿越岩层，经历怎样的自然过滤，最终成为地下水呢？在地下的漫长旅途中，这滴水如何滋养植物，维持生态平衡，又如何面对人类活动带来的挑战？书中都将一一揭晓。

这本书不仅仅是为了回答这些问题，更是为了唤起每一位公众对地下水的珍惜与关注。我们通过11个章节的设计，引领你探究地下水的多样性和复杂性。每一章都由不同的作者精心撰写：习佳兴撰写第1章，刘璐撰写第2章，尚长健、杨永鸿撰写第3章，于晨辉撰写第4章，贾永锋、王克新撰写第5章，王诗函撰写第6章，张晓宇撰写第7章，魏馨语撰写第8章，罗继涛、闫丽娜撰写第9章，胡军强撰写第10章，孙源媛撰写第11章，郑明霞、杜高胜、闫丽娜、孙源媛和苏婧统稿。

通过本书，希望更多的人深入了解地下水，珍惜地下水，成为地下水生态环境保护的一分子，进而汇聚磅礴力量，共同保护人类这滴可贵的"宝藏水"！

书中插图直观呈现地下水流动特性和地表特征，辅以地理信息，大小、颜色等元素仅供读者参考，作者水平有限，如有疏漏，敬请指正。

杜高胜

2024年9月

目录

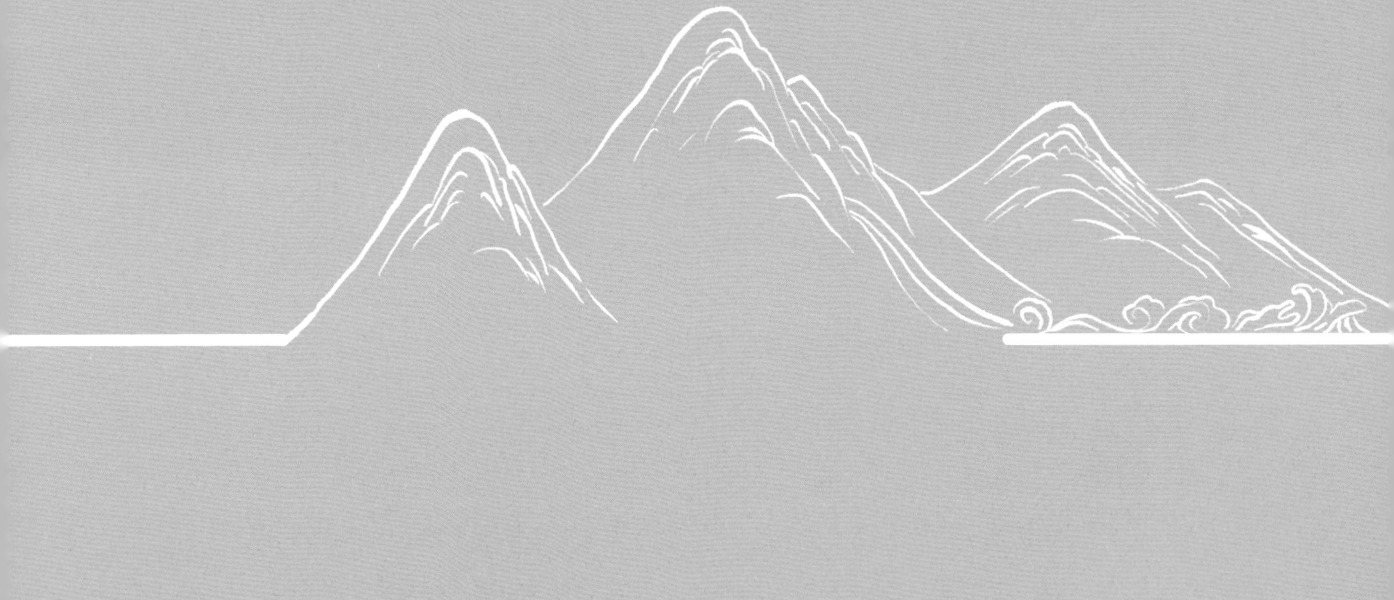

1

地球的"隐秘宝藏"，你了解多少？

在我们的脚下，藏着一个神秘的水世界，它悄悄地孕育着我们看不见的地下水小精灵，它们还有自己的家族和分类，想认识它们吗？

一滴水的地下之旅

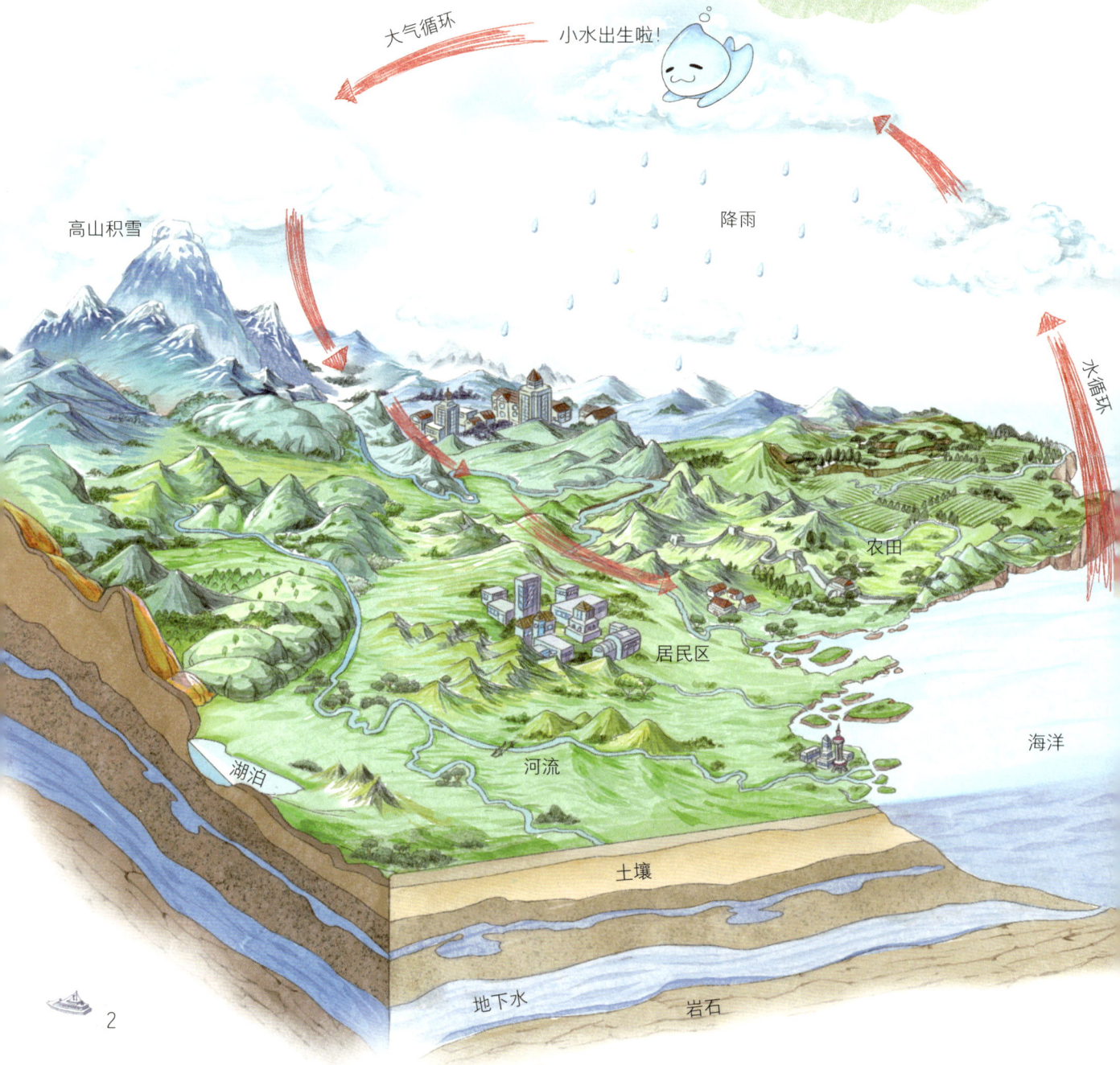

大气循环

小水出生啦！

降雨

水循环

高山积雪

农田

居民区

湖泊

海洋

河流

土壤

地下水　　　　岩石

2

一滴水也能旅行？

在一个阴雨天，有一颗小水滴悄然诞生，它探出萌萌的脑袋，露出圆鼓鼓的肚子，懒洋洋地伸了个腰，随即跳进大气中。我们就叫它小水吧。

小水虽然是一颗普通的水滴，但它身负重要使命——带领我们开启水循环之旅，探寻神秘的地下水世界。

小水与小伙伴们从云朵中的哗啦啦雨水一起落到地面后就分离了。这一刻，大家背上行囊，踏上各自的旅程，有的飘落到水面上，形成涓涓细流，流淌着汇聚成小溪和河流；有的滴进湖泊，就像进了一口巨大的锅里；有的就近落到冰山上，在低温下很快便结成冰封存起来，永葆青春；还有的落入大海，成为海洋的一分子。

从天空到大地的路有多条，然而，小水选择了一条看不见前方的路——顺着土壤、砂石向下走，它想开启一段地下之旅。小水也不知道旅行的终点在哪，它只想看一看这个未曾接触过的世界。也许终点与河流中的小伙伴一样，进入湖泊或者大海的怀抱，也许会在地下幽暗的路程中停留很久……

未来有一天，小水或许会在太阳的照耀下蒸发，再次来到天空中，与小伙伴们汇合成云朵，随风飘向远方；或者再次变成雨滴，降落到大地上，开启下一次的旅程，开始新一轮的水循环……

你了解神秘的地下水世界吗？

你知道在我们的脚下藏着一个神秘的水世界吗？我要说的不是那部叫《未来水世界》的电影，也不是有"地下运河"之称的新疆坎儿井，而是地下水的世界。

什么是地下水？

地下水其实是流淌在地壳、土壤孔隙和岩石裂缝中，长年不见阳光的地面下的水体，是水资源的重要组成部分，遍布在地球的地层中。简单来说，就是地面以下的水。小水点点头，看来自己也成为地下水了。

地下水从哪里来？

地下水听起来很简单，其实它的形成是一个复杂的动态过程，还会受到气候、地形地貌、地质结构、植被覆盖这些外界因素的影响。地下水和地表水关系很紧密，在一个区域内它们俩相互联系、相互转化。

最常见的地下水是从大气降水来的，就像天空撒向大地的种子，也是地下水的主要来源。比如哗啦啦的雨、白白的雪、坚硬的冰雹，都是大气降水。小水就是从哗啦啦的雨来的。

大气降水

还有一个常见的来源是地表水入渗,比如奔腾的河流、宁静的湖泊、隐秘的水库、沉默的沼泽,它们会悄悄地从河底、湖底或库底向地下渗透,摇身一变,就从地表水变成地下水了。

地表水入渗

高山积雪

那些"永葆青春"的冰雪处于常年冰冻状态,但是温度升高后就会融化成水,比如高山积雪和冰川融化,融化形成的水流经土壤和岩石时就会渗透到地下,汇入地下水。

其实,在我们看不见的大气中弥漫着许多水汽,可别小瞧它们,在适宜条件下,它们能在土壤和岩石空隙里凝结成小水滴,渗透下去成为地下水的一部分。它们有一个直观的名字——凝结水。小水瞪大了眼睛,气体竟然能直接变成液体?

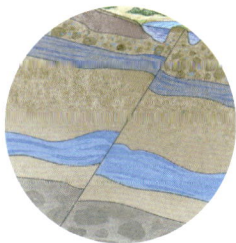

水汽凝结

除了地上部分,在我们看不见的地下,地下水之间也会相互转化。不同地方的地下水之间就像兄弟,它们会相互"串门",这就是越流。地质构造中有断层或者裂隙时,它们更容易相互交换位置,进行地下水的再分布和补充。

越流区

人工补给

除了大自然的补给，人类活动也会影响地下水的多少，这就是<mark>人工补给</mark>。比如农民伯伯灌溉农作物时，过量的水会悄悄渗入地下，还有渠道输水时的渗漏和人工回灌工程。

小水这才发现，除了自己那种"天降奇兵"的方式，还有一大堆"远房亲戚"正络绎不绝地加入这个大家庭，真是家族兴旺，源源不断啊！

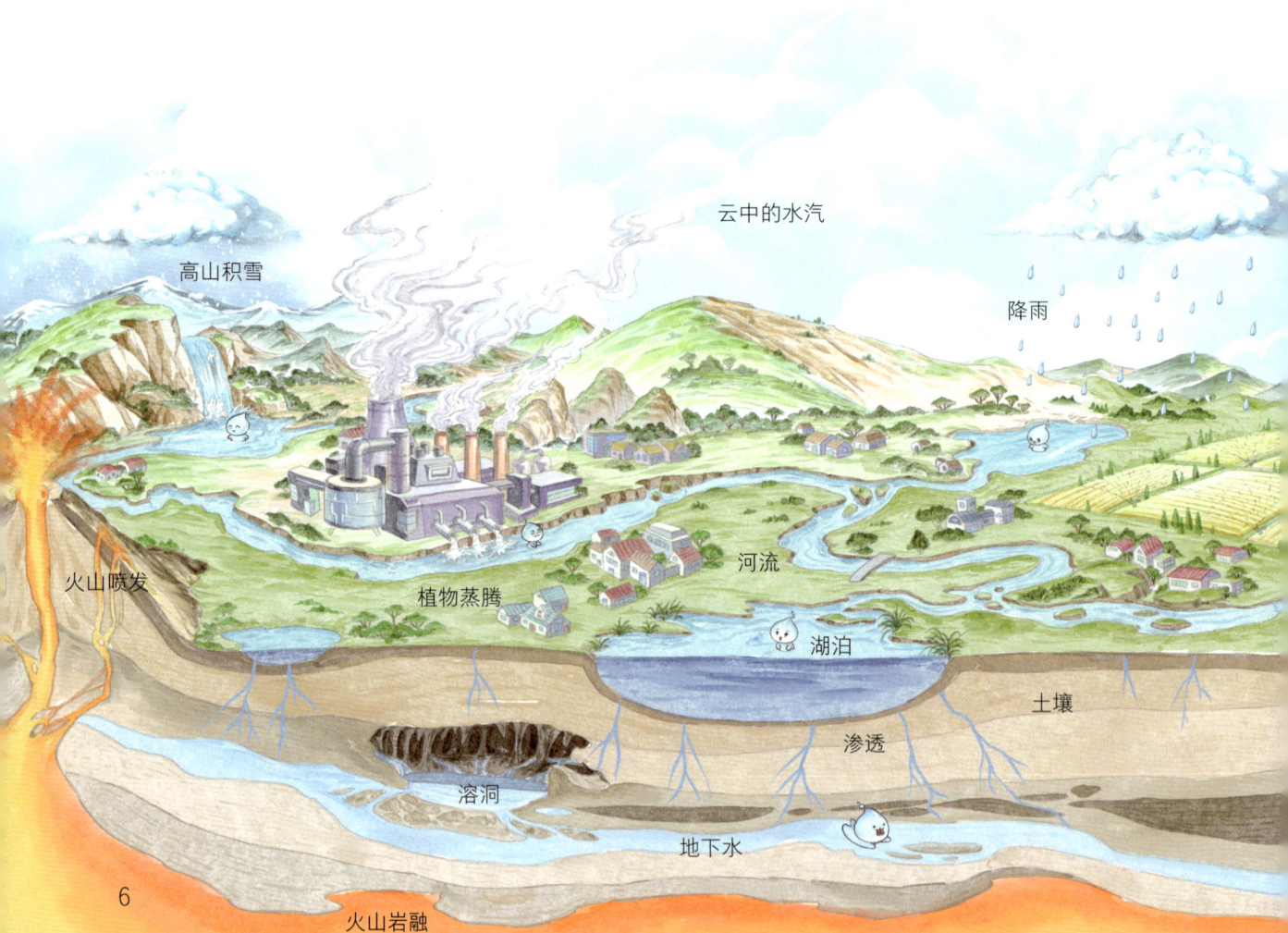

高山积雪

云中的水汽

降雨

火山喷发

植物蒸腾

河流

湖泊

土壤

渗透

溶洞

地下水

6

火山岩融

高兴之余，小水又皱起了眉头：跨入这个大家庭的门槛，会不会就再也没法云游四海了。经验丰富的长辈拍了拍小水，神秘兮兮地指了一个方向："放心，咱们这儿可是进出自由，你想去哪儿就去哪儿！"

☁ 地下水到哪里去？

在前辈的指引下，小水恨不得马上参与自然循环，遨游在天上、地面、海洋和地下。地下水是自然界水文循环中的一环，它既能进入地表河流、湖泊、湿地补充地表水资

居民区

蒸发

农田

海洋

源，也能蒸发飞到大气中。小水在地下水位上升时就能来到地表，或跟着泉水冒出地面，就像坐上了直达地面的电梯。

小水还能在太阳照耀下钻过土壤孔隙向上升腾，到达地表这一刻，在太阳照耀下变成水蒸气，飞向天空，有时也会钻到植物根系旁边，被吸收到植物体，通过蒸腾作用释放到大气中。整个过程都离不开阳光的陪伴。

小水还会被人们开采，人类生活中的农业灌溉、工业生产、城市供水都会用到地下水。小水一旦被"提拔"，便开始了它为人类服务的光辉生涯，也会变成另一种形式存在。

如果正好在地质缝隙处，小水就能跨含水层，"串门"到另一个含水层，再通过各种方式来到地面或大气中。

当然，小水也可以储存在含水层中，继续在地下流淌，就像众多没被开采或排走的地下水一样，继续储存在含水层中，维持地下水位的稳定，静静等待被人类用到的那一天。

地下水系统是一个有序的世界，水家族们有自己的"生存"秩序。小水跃跃欲试想去参与自然循环。跟随小水沿着地下水来去的路程走一遍，就能完成整个循环啦。

如何逃出地下迷宫？

小水这个调皮鬼来到地表，决定玩一场"地质版的探险游戏"，它打算一层层向下渗，把地下水系统里各种神奇结构都打卡一遍。

地下水系统不仅包括水家族，还包括容纳水家族的"建筑物"，就像一个埋藏在地下很多层楼的神秘大厦。

流动的地下水会像有生命的蚂蚁一样筑巢，然后建造一个庞大无比的地下水大厦——地下水之巢。

小水的家族筑成的地下水之巢按照从上往下的顺序，可以粗略地分为包气带和饱水带两大部分。

包气带相当于这座大厦的"屋顶"，由地面之下、地下水位之上的一层土壤、砂石、岩石组成，这些家伙的空隙可没有被水全部霸占，还留了些空间给空气，所以叫作包气带。包气带里的水，大部分是肉眼不可见的气态水、吸附水、薄膜水和毛细管水。包气带离地面最近，它挨着地表，既要负责给地下水系统输送物资，还要接受来自地表的各种污染，十分不易。

"屋顶"之下就是神秘的饱水带。很少有人见过它，但它可以分成含水层、隔水层和弱透水层。

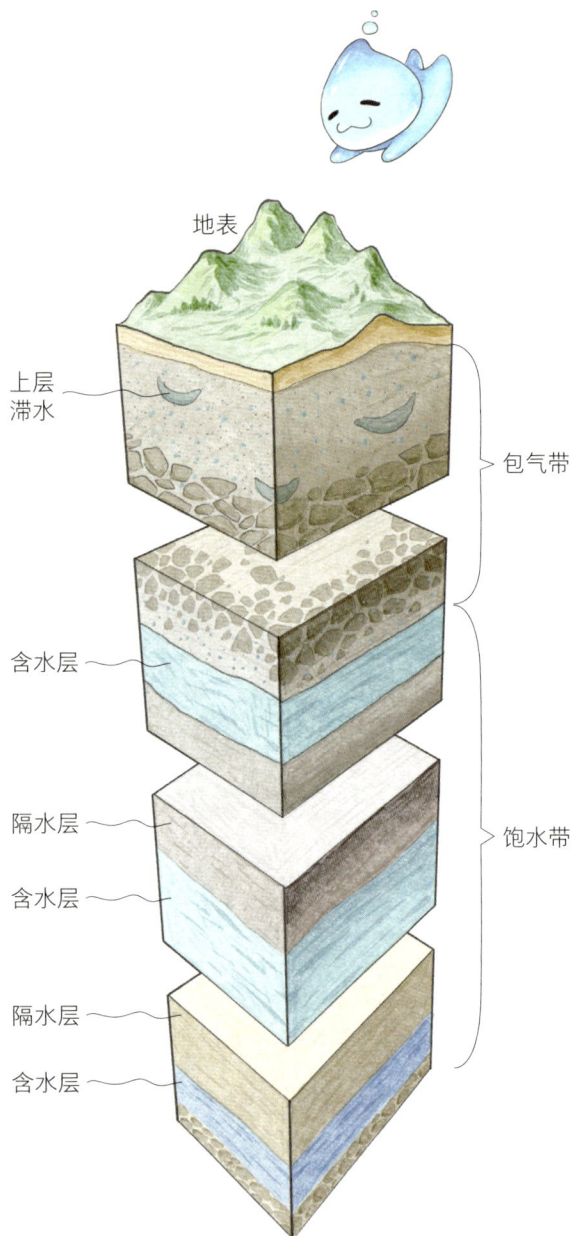

地表

上层
滞水

包气带

含水层

隔水层

含水层

饱水带

隔水层

含水层

注：因含水层含水量相对较大，本书以水流样式表示，实际还有碎石和土层。

含水层就像一个个被装满水的巨大海绵体，它是储存地下水的主力军，一般由粗细不同的石子层组成。含水层的大小、厚度、结构和地理位置直接影响地下水的多少和分布。

隔水层就像严实的防水塑料布，夹在两个含水层之间，一般由那些"顽固不化"、不能传输和给出水的细泥土层组成，把上下含水层隔得严严实实，就这样形成了地下大厦里一个个独立的"楼层"和"房间"。

弱透水层呢，则像一个底部有极细小孔的水桶，本身不能痛痛快快地让小水穿行，但垂直方向却可以"偷偷放水"。

在整个地下水之巢中，含水层、隔水层和弱透水层紧密有序地排列着，不会浪费一点儿空间。

小水逛了一圈，惊叹不已："天呐！究竟是哪位建筑大师在地下打造了这座宏伟的建筑,复杂却又井然有序,仿佛一座迷宫。我这小身板能从这座迷宫里走出去吗?"

神秘的第四纪地层

　　地球在宇宙中是一颗特殊的星球,它的表面大部分都覆盖着厚厚的沉积层,一层层堆积,形成了一本能记录地球历史的"地质史书"。最外面的一层叫作第四纪地层,其中就有我们经常见到的土壤,这些土壤在科学研究中被称作松散堆积物或者沉积物。第四系沉积物分布极广,除了岩石裸露的陡峻山坡外,全球几乎到处被第四纪沉积物覆盖。

　　第四纪地层的形成与多种地质作用有关,主要包括河流沉积、湖相沉积、海相沉积、冰川沉积、冰水沉积、风成沉积和火山沉积。

　　平原的包气带水和潜水一般都赋存于第四纪松散沉积物中。

地下"房间"怎么分配？

在地下大厦这座超级大迷宫里溜达，小水逐渐认识了许多家族成员。可它们长得一样，要如何区分这些成员呢？小水很头疼。

"我们最大的不同是埋藏条件不同，也可以理解为居住的房间不同。"

依据"居住"的房间不同，地下水家族成员们被分成潜水、承压水和上层滞水这三种类别。小水越深入了解越发现，这三类族人脾气大不相同，他们的水质、储量和补给情况千差万别。

潜水：地表下的小透明

小水从地表下往上冒的时候，首先碰到的就是潜水。潜水是居住在地表以下第一个稳定隔水层以上的地下水，就像你家楼顶上下雨后的积水。它的日子过得逍遥自在，不用承受静水压力。

潜水主要来自大气降水、地表河流等垂直方向的渗入，因此，它的水位、水量和水质会随着地表情况的变化而发生季节性和多年性变化，可算得上是个"敏感宝宝"。

潜水面到地表的垂直距离叫作潜水埋藏深度。潜水在重力的作用下由高处流向低处，经过一些合适的地形时可能会露出地表形成泉水。

承压水：被束缚的水流

　　小水跟着潜水向下走，经过了第一个隔水层后，就来到了承压水的地盘，承压水充满于两个稳定隔水层之间的含水层中。小水顺着承压水走了一遍，发现承压水就像一段弯曲的水管之间的水，隔水层相当于水管壁。由于水自身的重力和隔水层的限制，承压水这里形成了较大的水压，小水也感受到了一股压力，原来承压水的名字是这么来的。

　　承压水的补给区就是"水管"开口处较高的一端，承压区是"水管"的中段，排泄区是"水管"的下端。承压水不容易受到污染。在适宜的地形条件下，当人类的钻孔打到承

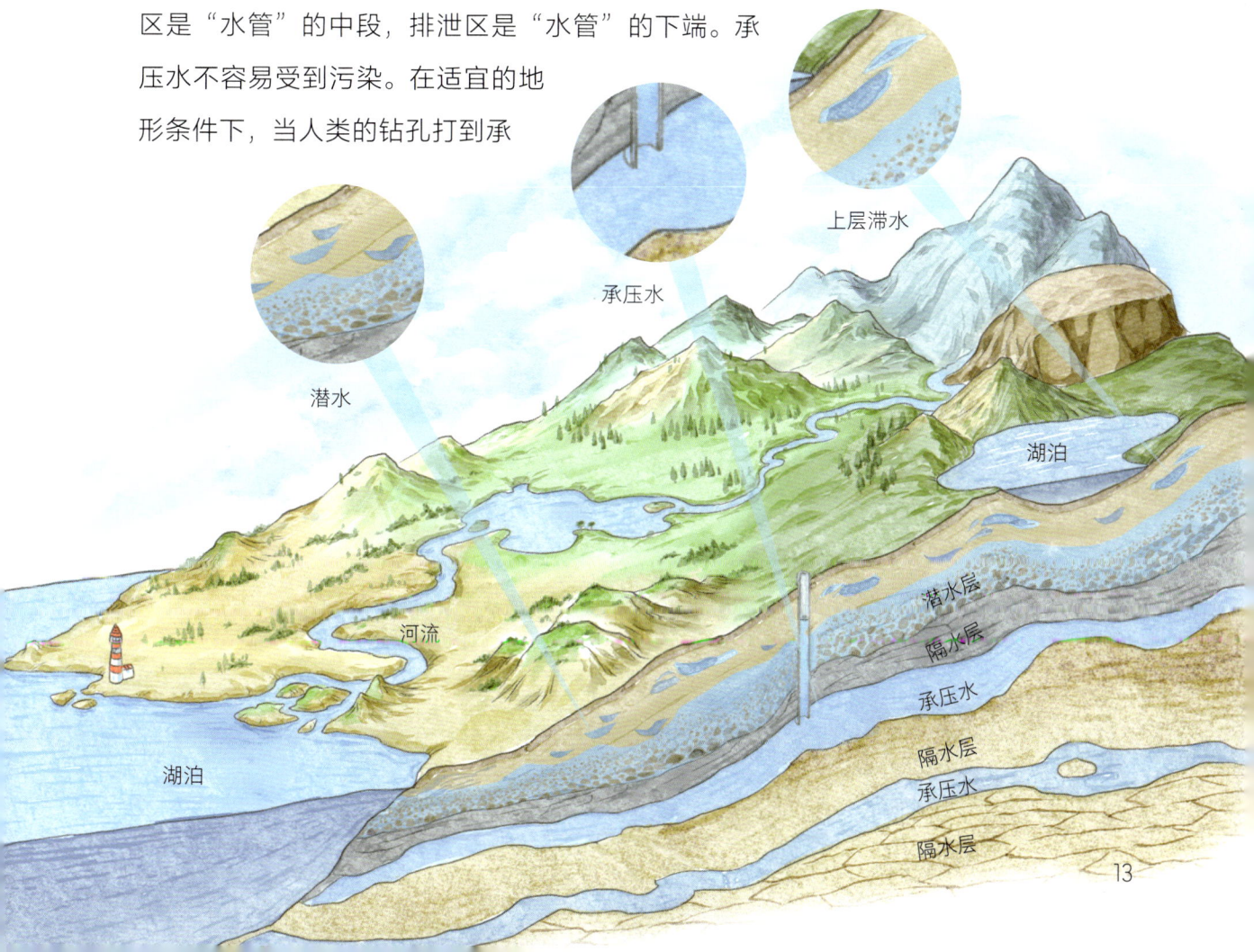

潜水

承压水

上层滞水

湖泊

河流

潜水层

隔水层

承压水

隔水层

承压水

隔水层

湖泊

压水含水层时，在水压的作用下，地下水会顺着钻孔超过隔水顶板向上飞奔甚至从地面喷涌而出，成为涌泉。左冲右突，到处探寻的小水，不知不觉来到了上层滞水的家。

上层滞水：大厦楼顶的"小房客"

小水第一次听说上层滞水，它住在"大厦"楼顶的包气带一个很小的房间，就像在大厦楼顶支起的一个个小帐篷。它们存在于包气带中一些小小的局部隔水层之上，这些局部隔水层会阻断包气带中的水流向更深的地下直接渗透，形成了一个个小月牙的局部含水层 上层滞水。

上层滞水属于浅层地下水，一般埋藏在几米到几十米的地下浅层，位于潜水面以上，是未饱和的岩土空隙中的水。上层滞水受季节、气候的影响比较大，它们接受大气降水补给，雨季时补给多，旱季时补给就停止了。它容易受到污染。

"沸腾"的地下水——温泉

温泉是泉水的一种，从地下自然涌出，是泉口温度显著地高于当地年平均气温的地下天然泉水。当地下水受热成为热水时，深处热水多数含有二氧化碳等气体，热水温度再次升高时，又遇到致密、不透水的岩层阻挡去路，压力就会越来越高，一有裂缝即窜涌而上。

热水上升过程中压力逐渐减少，压力的降低会导致气体逐渐膨胀，减轻热水的密度，更有利于热水上升。上升的热水与下沉的冷水因密度不同而产生的静水压力差反复循环产生对流，在开放性裂隙阻力比较小的情况下，源源不绝升涌出地表，于是就形成了温泉。

地下水"住所性格"大揭秘!

在地下逛啊逛,不久,小水发现了地下水家族的另一些"秘密"。比如,地下水们除了居住的位置不同,他们建造房子的材料也不相同,大致上有三类房子:孔隙、裂隙、溶隙或溶洞,住在不同房子里的地下水分别是:孔隙水、裂隙水和岩溶水。

孔隙水住在那些松散沉积物颗粒的小间隙中。小水很喜欢孔隙水们的房子,空间宽敞,自由自在,就像住在大别墅里。岩石中孔隙体积的大小决定了能储存多少地下水,就像房子的大小决定着能住多少人。

孔隙水分布广泛,第四纪松散沉积物里到处都是它们的身影,河漫滩、阶地、山前冲积扇和洪积扇、滨海平原和三角洲这些地方,都是它们的快乐老家。

孔隙水

跟居住的地方一样松散,孔隙水的性格也散漫活泼,受外界的气象因素和人类活动的影响比较大,水位和水量也像海浪一样时高时低。

裂隙水

相较于孔隙水这个"乐天派",裂隙水更像个"神秘客",存在于岩石裂隙中,这些裂隙小到小水费了九牛二虎之力才挤进去。裂隙水主要分布在山区,比如我国西部的天山山脉、祁连山、秦岭、横断山脉等地。

岩溶水

裂隙水居住的屋子复杂又神秘，受地层岩性、地质构造、岩体卸荷、风化、岩溶等一大堆因素影响，他们藏得深，分布还不均匀，人类想开采它们，比从石头里挤水还难。

最后是岩溶水这个"个性派"，住在可溶性岩层的溶隙和溶洞里，它们还有个名字叫喀斯特水。岩溶水主要分布在岩溶地区，尤其在我国西南地区，岩溶水是最主要的。它们的埋藏深浅有点儿像开盲盒，没个准儿，一会儿高，一会儿低。水量倒是很丰富，但分布也非常不均匀。

天然岩溶水多为弱碱性，水里含有很多钙离子和碳酸根离子，直接烧水时，壶底就会出现一层白色的水垢。它们不宜直接喝，否则容易患肾结石，这也是岩溶区常见的疾病。

就像人类在多变的人生舞台上演绎着性格变奏曲，水分子们也在大自然的剧本里，随着不同场景切换着不同个性和习惯。

裂谷奇景

云南省昆明市石林风景区的幽兰深谷和飞仙幽谷是裂隙发育形成的溶沟，群峰壁立，险峻清幽。内蒙古自治区包头市的梅力更大瀑布，由地质挤压形成的裂隙水汇集而成，落差 66 米，犹如从天而降。河南省驻马店市的蜜蜡峰每逢雨季，常有风化裂隙水沿裂隙呈线状流下，似蜂蜜涂壁。

这些都是裂隙水形成的自然景观，不仅地质学研究意义重大，也是旅游打卡的绝佳去处。

地下水是甜的吗？

地下水的奇妙旅程还在继续，小水揭开了更多家族秘密，那些在人类眼中亲切又温和的亲戚们，实际上个个深藏不露，它们的脾气和味道可大不相同。比如，按矿化程度，可以把地下水分为淡水、微咸水、咸水、盐水和卤水。

甜美温和的是淡水，水质更接近纯水，是矿化程度最低的地下水。矿化程度就是含有多少溶解物质的意思。淡水的矿化度小于 1 000 毫克 / 升，也就是说，每升水里只溶解了不到 1 000 毫克的盐和矿物质。淡水口感清甜，适合人类和其他生物直接饮用，不管是用来灌溉农田、供应工厂，还是滋养生态环境，走到哪儿都是最受欢迎的宝贝。

淡水

而微咸水就像有个性的小朋友，矿化度为 1 000~3 000 毫克 / 升，不建议直接喝微咸水，虽然在好多地方，微咸水也是主要水源，但当它的盐分含量比较高时，可能会腐蚀工业设备和管道，因此需要进行处理后再喝或使用。

微咸水

咸水则是居住在某些地方的一位让人又爱又怕的神秘邻居，矿化度为 **3 000~10 000** 毫克／升，里面藏着不少溶解性物质，直接喝可不行，那味道肯定不好受。但经过专业设备"改造"后，它就能在农业灌溉和工业生产中大显身手了。尤其是在干旱和半干旱地区对当地居民来说也十分珍贵。

咸水

盐水则是一位高冷大哥，矿化度在 **10 000** 毫克／升以上，浑身都是溶解性物质，不仅没法喝，农业、工业和生态环境也都不敢招惹它，它身体里的盐分能让农业的庄稼死亡，让工业设备故障。不过，盐水也不是一无是处，可以用来提取盐、钾等物质，有时也可以作为某些工业用水和发电等能源的开发用水。

盐水

卤水

要说卤水，那得称它为"火爆小霸王"了。它矿化度极高，浑身满满的溶解性物质，甚至可能还藏着有害物质。听说卤水的味道又苦又咸，绝对是黑暗料理。小水可不敢去接近卤水。不过，虽然卤水很可怕，但它还是有让小水佩服的用处的，如果所含矿化物合适、技术到位，卤水也可用于某些工业生产，比如提取锂和硼等化学物质，或者用于生产肥料。

大自然这位调酒师真是多才多艺，调配出的地下水系列饮品五花八门，有的甜如蜜，有的咸得发齁，还有的苦到让你怀疑人生。

居然有"硬水"?

盾牌是古代士兵手里的秘密武器，因为它非常坚固，能抵御猛烈的攻击。想象一下，如果盾牌被施了魔法，变得像海绵一样软是什么样？在水的世界里，"硬度"就像盾牌的坚硬程度。

硬度是指地下水中钙离子和镁离子的含量，通常以每 1 升水中碳酸钙和碳酸镁的含量来表示。

根据硬度不同，可以将地下水分为软水、硬水和极硬水。

软水的硬度低于 150 毫克 / 升，硬水的硬度为 150~450 毫克 / 升，高硬水的硬度为 450~700 毫克 / 升，极硬水的硬度高于 700 毫克 / 升。

我们烧的热水沸腾之后，壶底有时会出现白色水垢，这就是水中溶解的碳酸钙被高温加热后结晶，现出了"原形"，表明水中矿化物含量高，水质较硬。岩溶水就属于这类"硬"水，一定要在煮沸之后饮用。

但是，人类也不适合长期饮用太"软"的水，我们身体需要通过饮水来补充矿物质，而太"软"的水缺乏人类需要的这些矿物质。

150 毫克 / 升　　　　　　　　　　　　　　　700 毫克 / 升

软水　　　　硬水　　　　　　　高硬水　　　极硬水

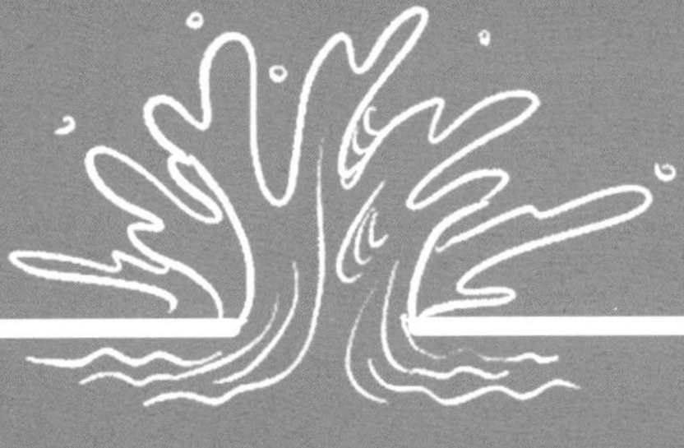

2

地下水是
取之不尽、
用之不竭的？

民间有句谚语："存粮如存金，
有粮不担心"。地下水资源也是这样哦！

地球上有多少水资源?

　　小水突然有个想法,想知道整个地球上水家族到底有多大,其中属于地下水的家族又有多大,在地球上到底有多少水资源? 于是,立刻行动起来,小水找小伙伴们四处打听。

　　来自天空的小伙伴说,地球有 **71%** 的面积被海洋覆盖着。从太空看地球,阳光照射下的地球被蓝色的海洋包裹着,就像一个超大号的蓝色玛瑙球。小水一听,看来水资源是很丰富的咯?

大气水

冰川、冰盖

居民区

生活水

河流

湖泊

陆地

海洋

土壤、砂石

地下水

但是，很可惜，地球上的水资源并没有我们想象中那么丰富。

地球上所有水资源的体积大约有 **1.38** 亿立方千米，相当于 **13 800 000 000** 个水立方那么大，而这些水资源中海水占比几乎为 **97.2%**。因为含有大量的盐分，海水也被称为 咸水，这就使它既不能直接饮用，又不能用来灌溉作物。那么这么多海水就一点用处也没有吗？其实也不是，它可以被淡化或进行化学资源利用，但成本很高。

地球上除了海洋，就是陆地，那剩下的 **2.8%** 就是陆地上的水啦，总量大概有 **386 400 000** 个水立方那么多，这些水都是 淡水，但又可惜的是，这些淡水并不是都可以被利用，其中，大约有 **69.6%** 被冰冻在高高的 冰川、冰盖、多年积雪和冻土里，被"雪藏"在人迹罕至的山间和两极，谁也够不到、用不上，可供我们使用的水又减少了一大块。

所以，理论上陆地上的淡水中有 **30.4%** 可以让人类使用，也就是 **117 465 600** 个水立方。这其中，一部分存在于地面上，是我们能看到的那些 江河湖泊；另一部分藏在地下，就是 地下水。虽然江河湖泊看起来很多，但把它们全都加起来，也只占到地球上所有淡水的 **0.3%**。而藏在地下的水资源约占地球上所有淡水的 **30%**，虽然是江河湖泊的 **100** 倍，但只占全球水体积的 **1.7%**。这些地下水资源约有 **35 239 680** 个水立方，藏在地下 **600** 米深度以内的含水层里，在土壤和岩石的缝隙中，如果想要利用它们，需要通过钻井、抽水等方式来开采，工序很复杂。

除了地表水和地下水外，地球水资源中还有其他一些占比较大的水体。其中一就是 大气水，占地球淡水总量的 **0.04%**，也就是我们平时看到的云、雾、雨等，也是小水最初的样子。这部分水通常在大气中循环，它们会在合适的时机降落地表，渗入地下，参与地球水循环。

另外还有生物水，占地球淡水总量的 **0.003%**，这部分水主要存在于生物体内，比如植物通过光合作用产生的水。虽然生物水的存量对地球来说很微小，但却是地球上最特别的存在，这点儿几乎可以忽略不计的生物水是地球上的"生命之水"，有了它们，南极才有呆萌的企鹅，北极才有霸气的北极熊，陆地才有茂密的森林、广袤的草原，海里才有鱼虾贝豚。小到细菌，大到蓝鲸，无数生命，无不因水而生，因水而活。

听完小伙伴们的介绍，小水突然觉得自己贵如油，能被人类利用的水资源极为有限，忍不住在内心呼吁：人类可一定要珍惜我们！

生命之水

有生命的存在是地球与其他星球最重要的区别。

据科学家估计，目前我们的地球上生存着大约 **870** 万种生物，如果算上曾经在地球上生活过的生物，总计约有 **1.5** 亿种。而这些生物都是因为地球上有液态的水才诞生的。地球上生物的生存都要靠液态水，它们参与生物体内的化学反应、新陈代谢，构成生物体细胞、运送营养能量。

人类探险队有个小窍门，有水存在就意味着可能有生物，没有水很难有生物生存，所以，即使在宇宙中寻找生命也要先寻找有液态水存在的星球。

我国有多少水资源？

我国是一个人口大国，也是一个水资源大国，但同时我们也是一个缺水国家。为什么会这样呢？

　　像小水一样的大自然精灵，以地表水和地下水两种姿态在大地上翩翩起舞。地表水是陆地表面动态水和静态水的总称，也称为"陆地水"，河流、湖泊、沼泽、冰川、冰盖……这些都是它的化身，每一种都承载着大自然的浪漫与温柔。源源不断地为人类提供着生命的琼浆，是各个国家水资源的核心力量，滋养着世间万物。

　　河流，是地表水家族中最具活力的舞者。我国河流总长度约 **42** 万千米。如果把它们连成一条线，可以绕地球 **10.60** 圈！流域面积超过 **100** 平方千米的河流就有 **5** 万多条。看似平静的江河年径流总量约 **27 115** 亿立方米，这样一算，足以让全球人口每人享用 **331.64** 立方米的水呢！

河流　　　　　　　　　　湖泊

地下水

除了奔腾不息的河流，我国还有众多静谧美丽的湖泊。**1** 平方千米以上的湖泊就有 **2 800** 余个，其中面积在 **1 000** 平方千米以上的就有 **11** 个！这么多湖泊加起来，总面积约 **8** 万平方千米，相当于瑞士国土面积的两倍。

地球上的水

地下水

海洋

据统计，2022 年我国水资源总量为 **27 088.10** 亿立方米。其中，地表水资源量为 **25 984.40** 亿立方米，地下水资源量为 **7 924.40** 亿立方米，相当于 **790 000** 个地下水立方，这些数字背后，是水在大地间的循环与流转，是大自然的鬼斧神工。

我国地下水资源的特点之一是分布不均，比如 2022 年，地下水资源总量约占全国水资源总量的 **1/3**，西藏、云南、四川、新疆、广东、广西、湖南等地分布较多，这里的水资源丰富得如同春日里盛开的繁花，肆意绽放。而北京、天津、上海及宁夏等地分布很少，是被遗忘的角落，水资源少得可怜。

我国还有一种比较特殊的地下水——多年冻土地下水，这种水存在于青藏高原地区，属于低纬度高海拔多年冻土地下水，这在全世界都是非常罕见的。

我国地下热水资源也十分丰富，出露温泉有 **5 000** 多处。这些温泉，就像是大地献给人类的怀抱，每一处都蕴含着独特的温暖。广东东山湖温泉区已发现有 **104 ℃** 的高温泉水，福州市钻孔孔口处的水温达 **98 ℃**，台湾屏东温泉更是高达 **140 ℃**。

种类如此多样的水资源，为什么还会面临缺水的困境呢？

因为我国淡水资源总量虽然多，但是人口更多。我国以占全球 **6%** 的淡水资源，养育着占世界近 **20%** 的人口！水资源分布也不均，大量淡水资源集中在南方，北方多数河流存在过度开发的问题，导致水资源短缺。据统计，全国 **800** 多个城市中有一半以上城市存在不同程度缺水，沿海城市也不例外。因此节约用水仍是我们的首要责任。

地下水也有不同的"出身"？

与人类一样，地下水也有自己的"出生地"。小水发现，地下水按起源不同可以分为渗入水、凝结水、脱出水、埋藏水和原生水，有点儿像江湖上的不同派别。

先说渗入水，是降水渗入地下形成的地下水。由于来自大气降水，是地下水家族里的"雨水派"。降落到地面后，它们先停留在大地最外层的土壤和岩石缝隙中，再慢慢一点点渗入地下更深处。小水就是这么来的。

渗入水和凝结水

凝结水是地面温度低于空气温度时，空气中的水汽会进入土壤和岩石的空隙中，在土壤颗粒和岩石表面凝结成的地下水。当周围空气的温度下降时，原本弥漫在空气中、不能被人类看到的水分子就会聚集到一起，显现出来，一滴滴小水珠生成了，这就是凝结水，属于"魔法派"！

脱出水既不是由降水渗入，也不是由水汽凝结而成，它是从岩浆中分离出来的某些水化矿物和含结晶水的矿物，在环境条件变化时放出或排出水分，从而成为地下水的一部分。脱出

脱出水

水是从地底而来的水，是"地底派"。

埋藏水也叫沉积水，是与沉积物同时生成或海水渗入原生沉积物的孔隙中形成的地下水。埋藏水一般在很久以前形成，甚至可能是几万年、几十万年前，然后随着地球的地质运动被封闭起来，从此不见天日，是"沉积派"。

埋藏水

可以说，地球上的水，出身各异，来自天上地下，最终聚集到地面之下，形成地下水家族，小水更加珍惜与它们的相遇了。

埋藏着地球记忆的水

地下水中的埋藏水可能被完全封闭在地下几万年甚至几十万年，几乎没有外界物质进入，也没有物质流出。它们含有的化学物质和同位素可能记录着地球过去的气候变化和地质事件。通过分析埋藏水中的这些"记忆"，科学家们就能了解地球的历史和演变。你知道怎么才能找到这些埋藏水吗？

能给地下水充值吗？

小水最近脑袋里冒出个奇特的想法：地下水就好比地下藏着的一个超大储水池，里面满满当当装的都是水。可要是这个储水池里的水越来越少，咱能不能像给手机充值一样，往里面加水，让它一直保持水量充足呢？

答案是可以的，除了大自然的降水渗入、河流湖泊渗入外，也可以进行人工补给。但是，地下水是一种宝贵的资源，我们要保护它不被污染。因此在进行人工补给的时候，需要满足一定的条件。

1 人工补给水源的质量必须达到一定的标准，防止污染地下水。这些水源主要是大气降水、地表水和经过处理的工业废水、城市污水等。一般来说，水源中重金属和难降解的有毒物质含量不能超过生活饮用水水质标准，不然就相当于给纯净水里加了"脏东西"。

2 适宜的储水构造。储水层要有一定厚度、透水性强，不然，人类给地下水充的值会存不住，慢慢流走。

3 良好的渗入条件。人工补给时，储水层靠近地表，就像离快递站近，取快递才方便一样。且不能有大面积黏土层，不然就像管道堵塞，人工补给水源根本渗不进去。

在进行地下水回补时，需要对水质进行严格的管理和控制，要选择合理的场地和适当的预处理措施，否则一不小心对环境造成不良影响，那可就闯大祸啦！同时，也要加强对地下水回补过程中潜在污染风险的监测和控制，保障地下水资源的安全和可持续利用。

储水装置

土地会冒泡?

地下水被大量回补可能导致土地"冒气泡",河北省保定市的一个村庄就曾出现过这种现象。

这是因为地下水被抽取后,地下土壤中的孔隙空间空出来了。如果大量回补水源进入这些孔隙,水与土壤中的气体交换时会产生气泡,产生土地冒气泡的奇景。

尽管土地冒气泡看起来很有趣,但也需要注意潜在风险。土地冒气泡可能导致地面变得不稳定,甚至引发塌陷等问题。因此,在对地下水资源进行回补时,需要由专业人员进行监测和管理,以确保地质环境的稳定和安全。

储水装置

河流

湖泊

水坝

地下水回补

湖泊

河流入渗

地下水

南水北调工程会补给地下水吗？

小水听说我国北方地区由于过度开采地下水，导致水资源紧缺。为了解决这个问题，我国用了 **40~50** 年的时间建设了南水北调工程。就像是给南北大地安排了一场"水的大迁徙"，通过大运河等"输水高速路"，把南方的水运到北方，让北方有水可用。

南水北调工程非常宏大，包括东线、中线、西线三条线路，就像三条"水龙"把长江、黄河、淮河和海河连通起来，构成了"四横三纵、南北调配、东西互济"的大水网体系。

南水北调东线工程

东线工程这条"水龙"，从江苏省扬州市江都水利枢纽这个"水龙头"，也就是长江下游干流提水，沿京杭大运河这个输水跑道，一级一级地翻水往北送，主要去解决黄淮海平原东部地区的缺水危机。

南水北调中线工程

中线工程这条水龙，则从长江中游北岸支流汉江丹江口水库这个大水缸引水，沿伏牛山和太行山山前平原一路向北狂奔，主要解决京津、黄淮海平原西部和沿线部

丹江口

石家庄

衡水

沧州

邯郸

中线工程

济南

焦作

安阳

曲阜

新乡

郑州

东线工程

徐州

淮安

平顶山

天津

南阳

扬州

33

分地区的缺水问题。

🌧 南水北调西线工程

西线工程虽然目前还没开工，但它的任务也很明确，主要解决西北地区缺水问题，基本满足黄河上中游 6 省（区）和邻近地区的用水需求。西线工程还会促进黄河的治理和开发，比如上中游的河道治理，向下游供水，缓解黄河下游断流等生态环境问题。

自南水北调东线和中线工程通水至 2020 年年底，得到水龙解救的城市和地区累计减少了地下水开采量 30.2 亿立方米，相当于装满 3 017 个水立方。2018—2020 年，北京、河北等 6 个省、市受水区浅层地下水水位基本稳住了。这些地方的有水河长度增加了 967 千米，水面面积增加了 348 平方千米，相当于 7 个西湖的面积，浅层地下水水位上升了 0.5 米，地下水储量得到有效补充。

总的来说，南水北调工程确实缓解了地下水亏缺，成功给北方地下水"充值加水"，让北方的水资源状况大大改善啦！

生态和谐的绿色纽带

南水北调工程是世界上距离最长的调水工程，规划的东线、中线、西线干线总长度达 4 350 千米，相当于往返北京和广州的距离，是世界上规模最大的调水工程之一。

2023 年，东线、中线一期工程调水约 85 亿立方米，相当于 8 537 个水立方，年调水总量突破 700 亿立方米，相当于 70 000 个水立方。南水北调工程不仅解决了百姓的用水之难，而且保障了沿线河湖的生态用水，形成了一条生态和谐的绿色纽带。

大运河也能给地下"补水"？

在小水记忆中，最快乐的时光是在成为地下水之前，沿着一条古老的运河自南向北旅行的日子，这条河就是世界上最长、历史最悠久的人工运河——京杭大运河。

大运河始建于春秋战国时期，全长约 **1 800** 千米，在我国历史上是一条超级忙碌的"水上高速路"，车水马龙，热闹非凡。

2002 年，京杭大运河被拉进南水北调东线工程的队伍里，成为南水北调工程的一员大将。2014 年，它又成功升级，成为中国第 46 个世界遗产项目。

大运河从北京出发，蜿蜒南下，一直延伸到杭州，"无恙蒲帆新雨后，一枝塔影认通州"，说的就是京杭大运河。运河两岸风光旖旎，仿佛是自然界的画廊。

大运河作为古代的"水上高速公路"，把南方的丝绸、茶叶、瓷器等商品运送到北方，把北方的煤炭、木材、粮食等运送到南方。它不仅帮助人们进行运输和贸易，也促进了文化交流，可以说，千年水运，万物通济。

现在，它已经成了一个著名旅游景点，吸引着来自世界各地的游客前来参观打卡。小水见证过这些繁荣，但同时也见证了它的衰败。受历史演变、人类活动和气候变化等因素影响，20 世纪上半叶京杭大运河出现了断流。

2002 年以来，我国开始了对京杭大运河的修建工作，2024 年 7 月完成了全线贯通补水，终于把大运河"救活了"。京杭大运河的修建，对地下水产生了一些影响，

小水的探险笔记

大运河起始于北京市通州区,流经天津市武清区,河北省沧州市,山东省德州市、泰安市、聊城市、济宁市、枣庄市,江苏省徐州市、宿迁市、淮安市、扬州市、镇江市、常州市、无锡市、苏州市,浙江省嘉兴市、杭州市等市(区)。

北京

天津

沧州

衡水

聊城

邯郸

泰安

枣庄

宿迁

洛阳

商丘

比如,京杭大运河通过河流的渗漏和补给,增加了沿线地区地下水的储量,地下水得以补充和更新。水流通过河床入渗,对沿线地下水进行回补,让补水河道周边的地下水水位有所回升或保持稳定。大运河全线贯通后,向途径的北京、天津、河北、山东四省市的河道周边地下水补水,补水河道总长 **1 230** 千米。

但也有一些需要注意的地方。比如,流淌着的京杭大运河,可能改变了地下水的温度、酸碱度等性质,携带的各种污染物还可能通过渗漏、渗透等方式进入地下水系统,改变原来的地下水水质，甚至造成地下水污染。

开挖运河时，还可能会切断地下水的水流路径，导致局部地区地下水水位下降，或者改变地下水的流动速度和方向，影响地下水系统的稳定性。

但这些问题在规划时是可以提前规避的。总体来说，京杭大运河对我国北方地下水是利大于弊的。

历史见证者

京杭大运河是古代中国劳动人民智慧的结晶，见证了中国历史上许多重要事件和变迁。它是中华文明的重要载体，沿岸的古迹、寺庙、园林等文化遗产，以及各地的民俗、戏曲、音乐等非物质文化遗产，都在大运河的流淌中得以传承和发展。大运河不仅是中国文化多样性和包容性的见证者，也是不同地区文化交流和融合的使者。

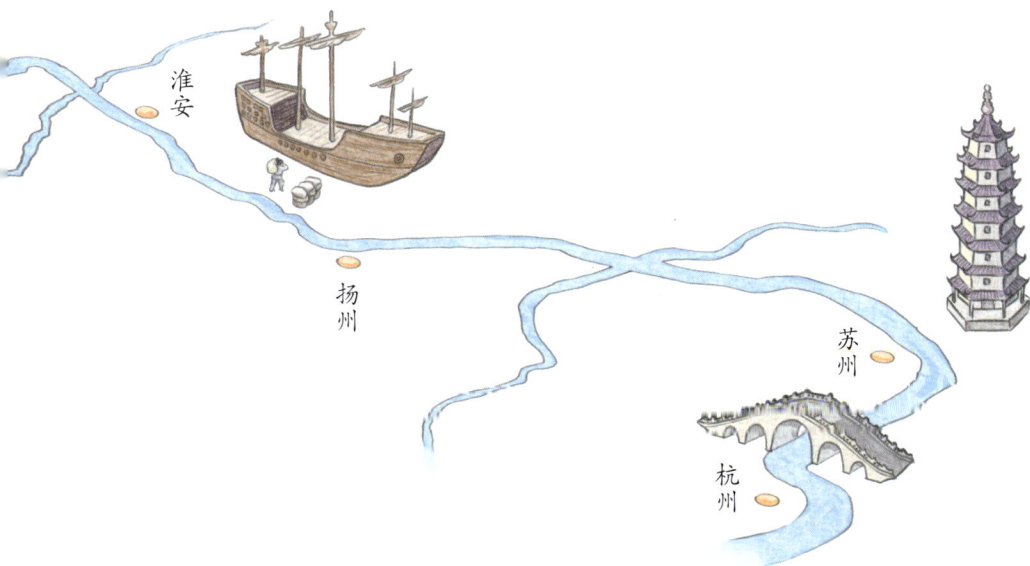

淮安

扬州

苏州

杭州

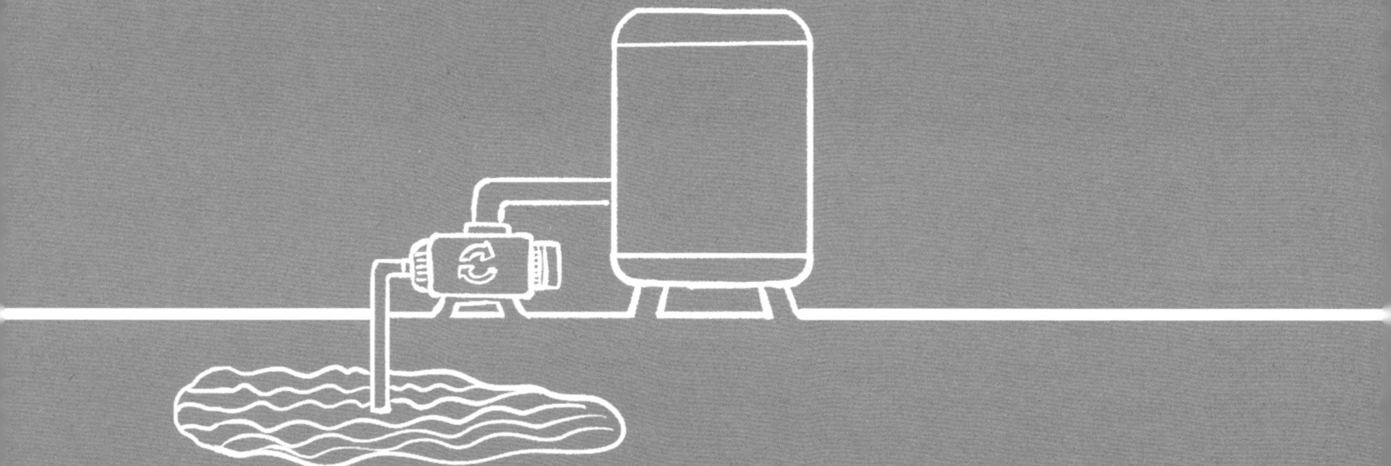

3

如何"召唤"
神秘宝藏？

"工欲善其事，必先利其器。"
地下水并不会自己跑到我们的水杯
里哦~

哪里会用到地下水？

　　小水知道人类会利用地下水，离不开地下水，但它不知道具体是怎么用的。直到它遇见一位见多识广的前辈，前辈告诉小水，人类的生活、工业、农业中，都离不开地下水。打开自来水龙头就有水流出来，这些水从哪里来的？对，是自来水厂。可自来水厂的水又从哪里来呢？对，有些地区的自来水就是来自地下。

大约有 20.0 亿人，也就是约占全世界 30% 的人，喝的水是地下水，地下水是他们的生命源泉！

　　农田和工厂每天也要"喝"掉大量的水，这些水从哪里来呢？你一定会猜，河流？水库？也许是，但大多可能来自地下。

　　比如农业用水，地下水是很多地区农业灌溉的主要水源。我国 **40%** 的耕地灌溉都依赖地下水，而全球约有 **20%** 的灌溉用水来自地下水，特别是在一些干旱和半干旱地区，地下水就是农业生产的"命根子"。

　　工业生产也离不开水，当工业生产中的庞大机器开动运转时，冷却、制造、清洗等环节都需要地下水在背后默默支持。

农业灌溉

回溯到 2022 年，我国供水总量 **5 998.2** 亿立方米，相当于 **599 820** 个水立方。其中地表水源供水量 **4 994.2** 亿立方米，占供水总量的 **83.3%**；地下水源供水量 **828.2** 亿立方米，占供水总量的 **13.7%**。虽然地下水在全国总供水量的占比较小，但也是我国供水中非常重要的一部分。

小水忍不住赞叹："地下水可真是个低调的英雄，闷头干大事，默默地在背后付出。"前辈拍了拍小水的肩膀："其实地下水还有个更重要的隐藏身份，它是生态系

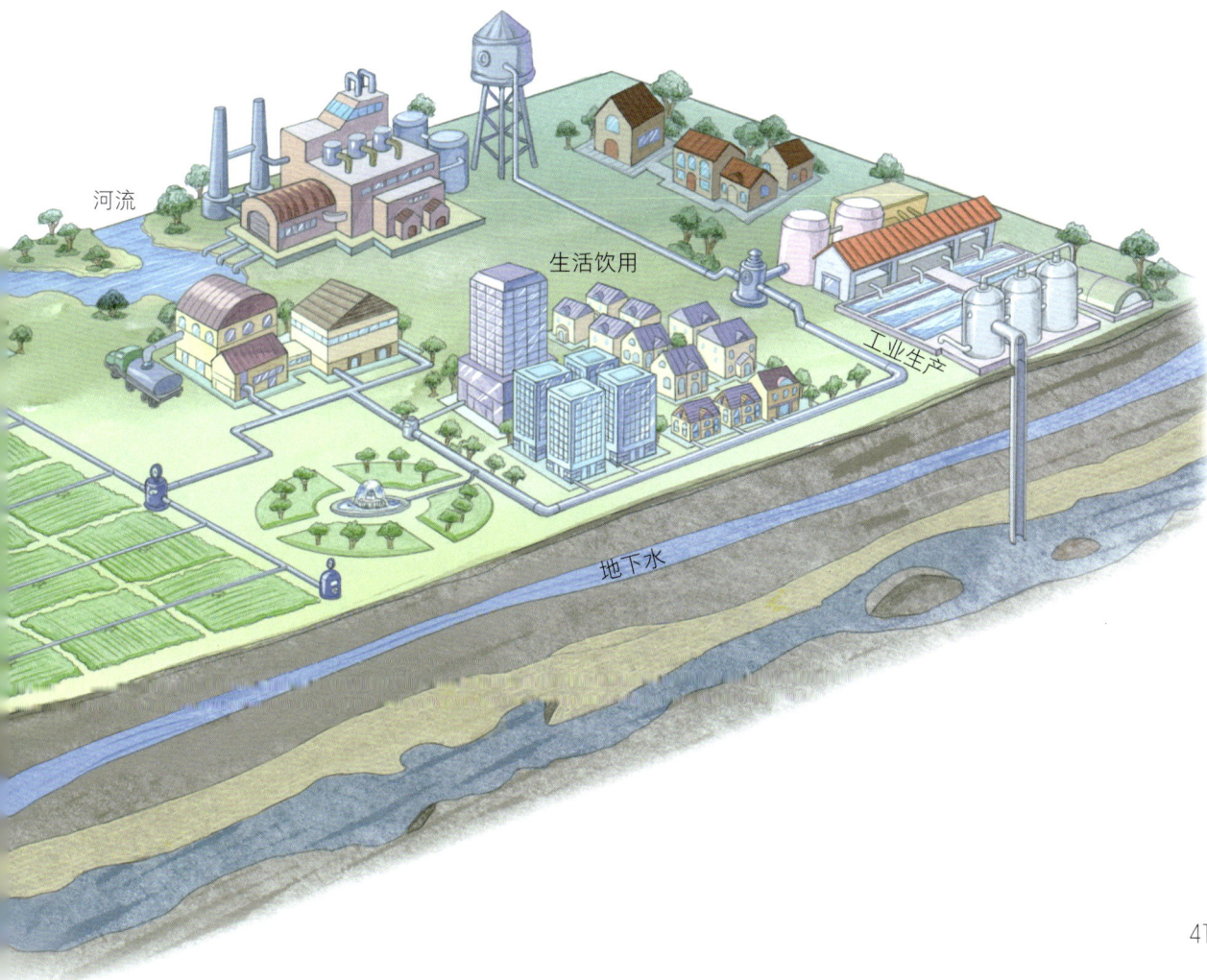

河流

生活饮用

工业生产

地下水

统的守护神。想象一下，过度开采地下水会导致水位急剧下降，那么地表植被就可能因为缺水而死亡，生态环境随之退化，水土流失加剧，河流湖泊逐渐萎缩甚至消失。这样的连锁反应最终会引发荒漠化和沙漠化等严重的生态问题。"

地下水像慈母一样滋养着大自然，在一些地方，地下水还承载着厚重的文化和历史价值，比如神奇的坎儿井，它可是地下水与人类智慧的完美融合。

小水听了这些，心里热乎乎地涌起一股暖流，仿佛被注入了一剂超强的强心剂，瞬间精神抖擞，活力满满，决定继续踏上探索的征程，去努力发掘更多地下水的奥秘。

地下水的年龄

提到"年龄"，我们通常会想到人、动物或植物。但你知道吗？地下水也有"年龄"哦，它的年龄从几百年到几十万年不等，这意味着，当你喝下一口清凉的水时，你或许正在品味几千年前，甚至恐龙时代的"遗产"！

怎么测定地下水的年龄呢？科学家们通常使用放射性同位素的方法。地下水中的某些元素，如氚（一种氢的同位素），会以一定的速度衰变。通过测量这些元素的衰变程度，就能推算出地下水的年龄了。

地下水净化奇遇记

小水啊！你们这些在地底深处沉睡的水精灵们，是怎样挣脱大地的怀抱，闯进人类的水杯的呢？

小水眨眨眼睛："这个嘛，还挺难的！"要从工业管道走一遭，还要过三个大关：

第一关：泥沙大逃离。

刚从石头缝溜出来的小水灰头土脸，浑身沾满泥沙碎屑，来不及思考，一下子就被吸入滤沙装置的大口。小水冲进去一看，这可好玩了，一大片的鹅卵石滑梯。但是，那些大颗粒就会被卡在鹅卵石的缝隙里，只让小水悄悄溜了过去。

接着，第二关，水质体检关来到小水眼前。穿着白大褂的检测员会拿着花花绿绿的试纸初步检测水质，查看水的颜色、味道、酸碱度（pH），以及矿物质的含量是否超标。比如，pH 通常是 6.5~8.5，总硬度不超过 450 毫克 / 升，这样才初步达到饮用标准。

小水顺利过关，刚松了口气。一台抽水机来到眼前，第三关来啦！小水被抽到地面上，混凝剂让小水身体中的杂质乖乖沉淀下来。接着，小水又通过一个由石英砂和活性炭组成的特殊"滤网"，微小的杂质和异味也被消除了。

为了让水更安全，小水还要面临最后一关，进行一场"微生物大扫除"，臭氧大叔把偷偷搭便车的细菌坏蛋们统统消灭。

有些地下水会含有盐分或其他溶解物质，还要通过反渗透、离子交换等方法来

43

处理。经过这些处理后，原本可能有些浑浊、有异味的水就会变得清澈透明、口感清甜，达到饮用标准后才能输送到千家万户。小水筋疲力尽，从地下到每个家庭需要经历这么多道工序，仿佛重生了一样。

小水的探险笔记

华丽变身记录册

以我国北方某城市为例，地下水是这样变身的：

从地下深处岩缝中挤出来的带着泥土细菌甚至有毒物的地下水，经过一道道关卡的"修正"，从丑小鸭变身为白天鹅啦！

· 浑浊值：**10.1NTU**❶ → **0.1NTU**（比水晶球还清澈！）

· 大肠菌群：**3个/100毫升** → **0个**（细菌特工队全灭！）

· 砷含量：**10微克/升** → **1微克/升**（危险警报解除！）

过滤

抽提机

水池，水来自地下

净化

去除微生物

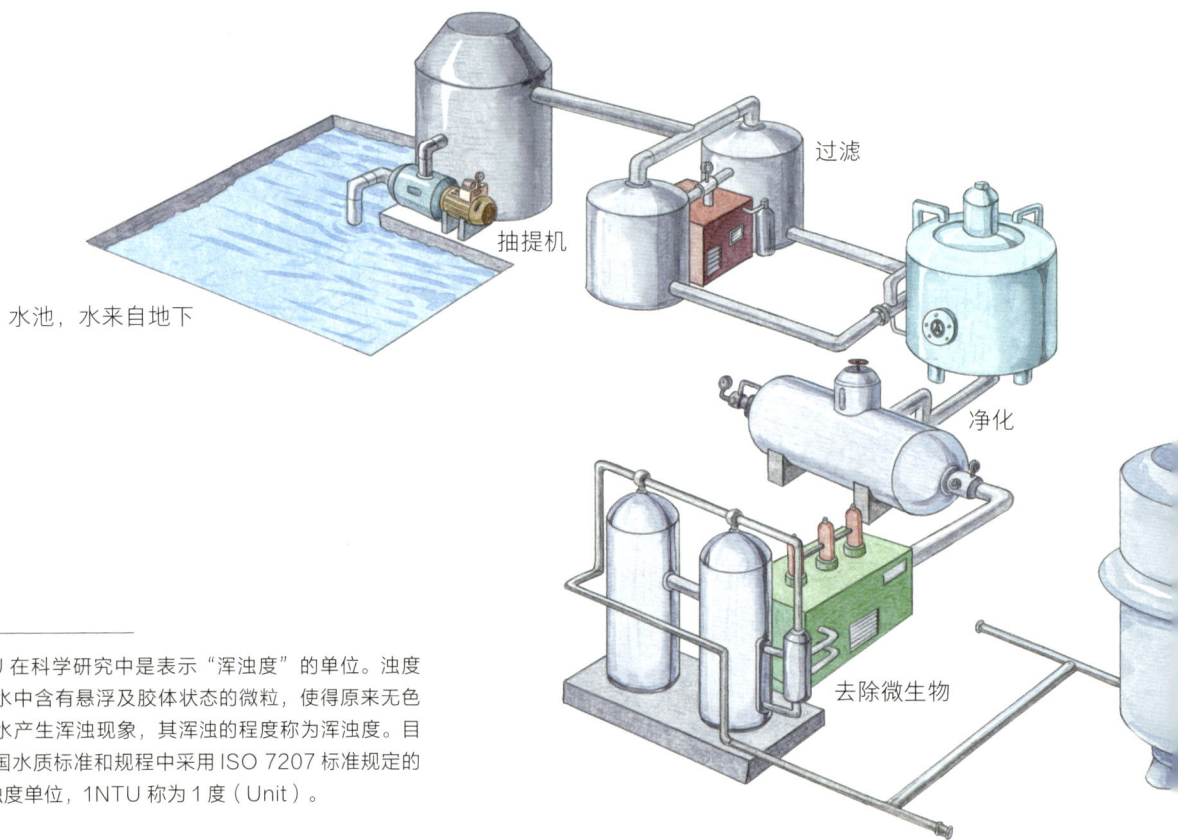

❶ NTU 在科学研究中是表示"浑浊度"的单位。浊度是由于水中含有悬浮及胶体状态的微粒，使得原来无色透明的水产生浑浊现象，其浑浊的程度称为浑浊度。目前，我国水质标准和规程中采用 ISO 7207 标准规定的 NTU 浊度单位，1NTU 称为 1 度（Unit）。

当小水终于瘫在千家万户的水杯里时，回首这趟集齐物理魔法、化学咒语、生物大战的净化之旅，不由得感慨自己跟人类相见的不容易。

所以，别看只是一杯水，它可是经过层层考验，才最终成为我们口中的清泉。

古人是怎么开采地下水的

我国古人对于开采利用地下水有着丰富的经验，他们不仅用地下淡水来饮用和灌溉，还会用地下咸水和卤水来制作井盐。为了开采井盐，人们还发明了钻井技术，在地面打孔后深入地层寻找盐卤。

而在古罗马时期，城市和居民需要大量的饮用水和灌溉水，为了满足这一需求，古罗马人采用混凝土和石块等材料，修建了庞大的地下水道系统，从远处的山泉引水至城市。

自来水

储水

送水至千家万户

深入地下的神秘通道

　　小水心里痒痒的，它实在是好奇地下世界那些神秘的通道。那些蜿蜒的水脉里住着一群超酷的地下水小伙伴，听说它们的故事很神奇。

　　这些地下伙伴的神奇故事都和人类相关，而要讲人类和地下水的故事，就要把时间的指针拨回到古代。那时虽然没有先进的工业技术，但人们也开始用木铲和石斧给大地"挠痒痒"，挖出一个个会吐清泉的"小酒窝"——井。

　　井不仅是深入地下的神秘通道，更是人类与大地亲密对话的桥梁。

　　从 7 000 年前河姆渡那个打扮美美的水井鼻祖到现代跳着机械舞的管井小哥，井的家族成员都有着自己的独家故事。有的井相伴农田，勤于灌溉；有的井是人们的水罐，给城镇解渴。可以说，每口井背后都记录着人类与自然相互依存、共同成长的美好历史。

河姆渡井：远古时代的小圆坑，爱美小姐姐的长裙

　　河姆渡井遗址安安静静地待在浙江省余姚市河姆渡镇，是一位 7 000 岁的井界仙女，也是迄今为止发现的最古老的水井。她的存在，确凿地证明了早在 7 000 多年前的

长圆木

木制排桩

新石器时代，人类便已经开始在某一地区定居，不再随着河道的迁徙而流浪。

这口井设计精巧，结构独特，由内外两部分组成，内方外圆，外围直径约 **6** 米，最大深度达 **1.4** 米。

河姆渡人巧妙地用木制排桩围绕在井的四壁，给这位井界仙女姐姐穿上了"排桩长裙"，又用榫卯结构形成了井口的稳固构架，给这条长裙系上了腰带。在没有钢筋混凝土的古代，这可算得上是一项神奇的黑科技了。

🌧 筒井：深深的圆筒通道，身材小巧的冒险家

跟上古仙女比起来，筒井像是一个身材小巧的小弟，不过这小弟的身材也是时时变化的，他的腰围通常是 **1.0~1.5** 米，但深度可就是个谜了，会根据地下水位的不同从 **6** 米到 **30** 米不等，虽然常深入神秘地下探险，但筒井常用于开采浅层地下水。筒井在山区和半山区的农村地区很常见，它不仅是一个实用的水源，更是勤劳和智慧的象征。

井壁

🌧 大口井：圆形大水池，北方憨大哥的聚宝盆

跟前面两种井比起来，大口井可谓是一个虎背熊腰的大汉，他的腰围直径可以达到 **2~8** 米，深度却一般在 **10** 米左右，不超过 **20** 米。这种井在我国北

方比较常见，通常在地下水含水层埋深较浅且厚度不大，但透水性良好、补给来源丰富的山间盆地或山前平原，用来进行农业灌溉或作为生活用水。

盐井：瘦高个儿的魔术师获取盐的秘密通道

古人为了获取熬制盐的卤水学会了挖盐井，在特殊的含有卤水的地质区域挖出直径只有几十厘米的狭长通道，比如四川盆地的卓筒井。卓筒井这位瘦竹竿魔术师，常常深入地下几百米，偷出苦涩的卤水，再交给人们提炼成雪白的盐晶。古代四川地区的盐井是当地经济的重要支柱，为人们提供了重要的经济来源。

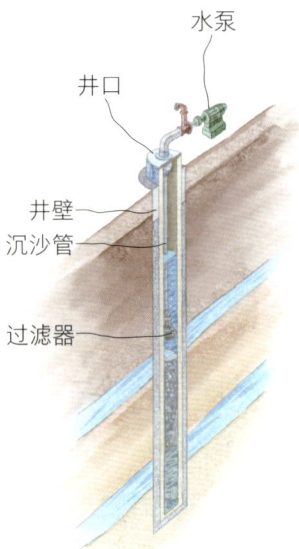

茅屋

晒盐坎

引笼

管井：现代小水管，科技感爆棚的说唱歌手

水泵

井口

井壁

沉沙管

过滤器

管井是现代钻井技术发展后出现的井型，使用现代钻井机械打孔而成，直径小但深度大。管井不仅可以取水，还可以用来回灌水源，深度几十米到上千米不等，它像一位说唱歌手，每天吐水量可达数千立方米。

管井由井口、井壁、过滤器、沉砂管和水泵组成。井壁内部的过滤器，可以拦住地下水里的杂质和颗粒。简单来说，管井的工作原理就是用过滤器把杂质和砂石都去掉，提供干净的水源。

随着时代的变迁，井的种类越来越多，但它们作为地下水出口的功能却一直不变，为人类使用地下水提供便利。

世界上最深的井

科拉超深钻井是世界上最深的人造深井，与一般用来取水的井不同，这口井是一项科学钻探工程，目的是探测地壳与地幔的界限——莫霍洛维奇间断面。

科拉超深钻井的钻探工作始于1970年，并在随后的几十年里持续推进，最终达到了惊人的 **12 262** 米。这项钻探工程现在已经停止了，但已经为地球科学研究和地质勘探提供了宝贵的数据和样本。在科拉超深钻井的钻探过程中，科学家们发现了一些有趣的地质现象，还有一些罕见的宝石和金属矿石。

坎儿井里藏着什么智慧？

小水听说，在众多的井中，有一个特立独行的家伙——坎儿井！这个井可不得了，它就像地下魔法师，集结了人类智慧的结晶，巧妙地利用天然地理优势，不费电不费油，在黄沙漫天的沙漠上孕育出一片绿洲。小水想立刻跳进坎儿井，看看它是如何施

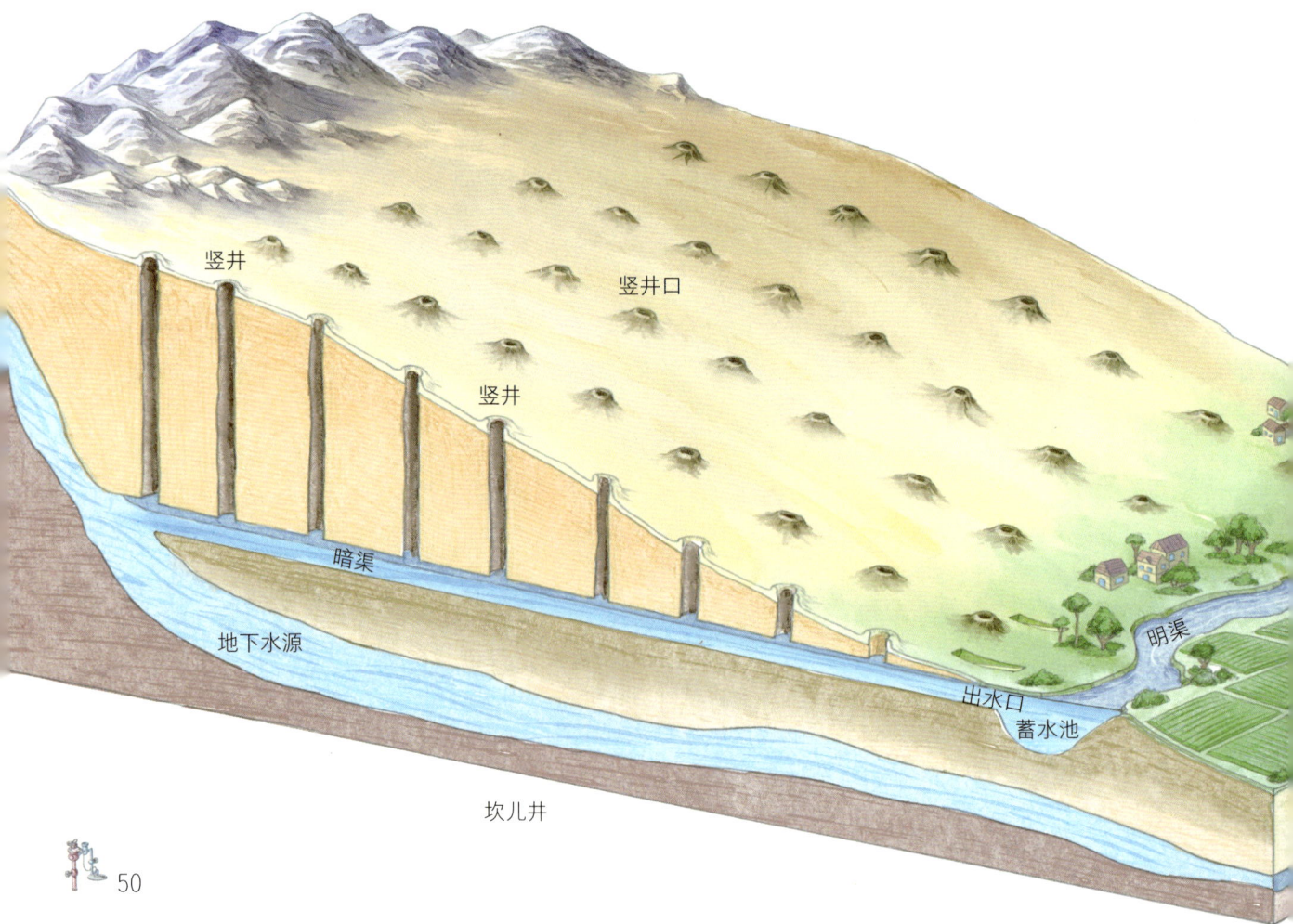

竖井

竖井口

竖井

暗渠

地下水源

明渠

出水口

蓄水池

坎儿井

展这场"绿色魔法"的。

坎儿井被誉为"沙漠之肾"，是干旱地区居民生存和发展的重要保障，它与都江堰、灵渠并列称为中国古代三大水利工程。

坎儿井就像一个沉默的守护者，两千年来在干渴的大地上谱写绿色神话，要说它的魔法源泉，要追溯到汉代。《史记》中有开凿"井渠"的记载，北魏的《水经注》中也记载汉代新疆有大规模坎儿井为人们提供灌溉和饮用水。在新疆这片神奇的土地上，**5 000** 多千米的地下暗河织成秘密网络，吐鲁番盆地的坎儿井已经为人类供水 **2 000** 多年了。

新疆为什么会开凿坎儿井呢？这得从当地独特的地理环境说起。

坎儿井一般出现在沙漠干旱地区，比如新疆的吐鲁番盆地，年降雨量只有 **16** 毫米左右，而年蒸发量却有 **3 000** 毫米，简直就是一场水分大逃杀。幸运的是，吐鲁番盆地周围有很多高山围绕，每年春夏都会有大量高山积雪融化的雪水流下来。

但这些珍贵的水分留在地面上，很快就会在风吹日晒下蒸发消失。不仅这样，当地的土壤渗水性也很强，这些雪水有很大一部分都会渗入地下形成地下水。当地的人们就想到：既然无法留住地面上的水，那就挖通暗渠去追寻流在地下的水。

"坎儿井"这个独特的水利工程就这样产生了。由竖井、暗渠、出水口、明渠和涝坝组成一个地下捕手联盟，竖井是通风报信的瞭望塔，暗渠是运送甘露的秘密通道，涝坎则是张

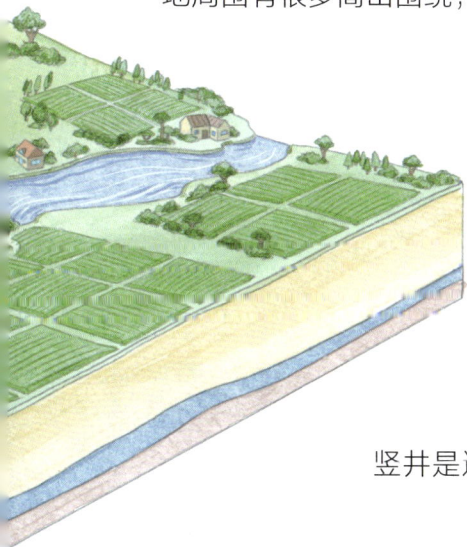

开怀抱，把珍贵的地下水圈入怀中。

开凿坎儿井首先要在山前地带找到渗入地下后聚集起来的地下水源，然后在水源与灌溉地之间打定位井，也就是竖井，竖井底部见水后再向上下游方向挖暗渠，然后在所需位置再打竖井，然后顺着山势和水源开挖暗渠，直到村庄附近才露出地面，最后进入蓄水池供人们使用。藏在地下的暗渠避免了宝贵水资源的蒸发，让当地居民在干旱的季节也能有稳定的水源。

建造坎儿井最绝的是古人使用的"地下GPS"导航技术，在没有激光测距技术的年代，人们还发明了"木棍定向法"。

木棍定向法

在两口竖井上方设置一根横木杆,连接两个竖井井口,两个井口处分别用两条麻绳栓住一根短木杆,吊在竖井下方,这样两根短木杆会与井口上方的长木杆平行,井口的木杆是天上的北斗星,井下的短木杆是地下的路标,在竖井下的挖掘工人只要顺着井下短木杆指示的方向挖掘,就能精准打通每一段隧道。

就这样,将所有竖井之间挖通,形成一条长长的暗渠,将山前的水源引到蓄水池,一条坎儿井就形成了。

几条、十几条甚至几十条成群结队在一起就形成大小不等的坎儿井灌区。如今漫步在坎儿井群落,仿佛听见地下暗河在哼唱古老的歌谣。这些由几十条"水龙脉"编织的灌溉网,是祖辈们写给沙漠的最美情书。谁说荒漠不能有春天?瞧那葡萄架上翡翠般的果实,正是坎儿井在施展永不谢幕的绿洲魔法秀!

哪些地方有坎儿井?

除了我国新疆外,在世界上的其他地方也有坎儿井这种水利设施,比如,在中亚、西亚和北非等沙漠干旱地区的伊朗、巴基斯坦、哈萨克斯坦、乌兹别克斯坦、叙利亚等国家,欧洲的西班牙南部、意大利和美洲的智利、秘鲁等地也有少量的"坎儿井"式水利工程。

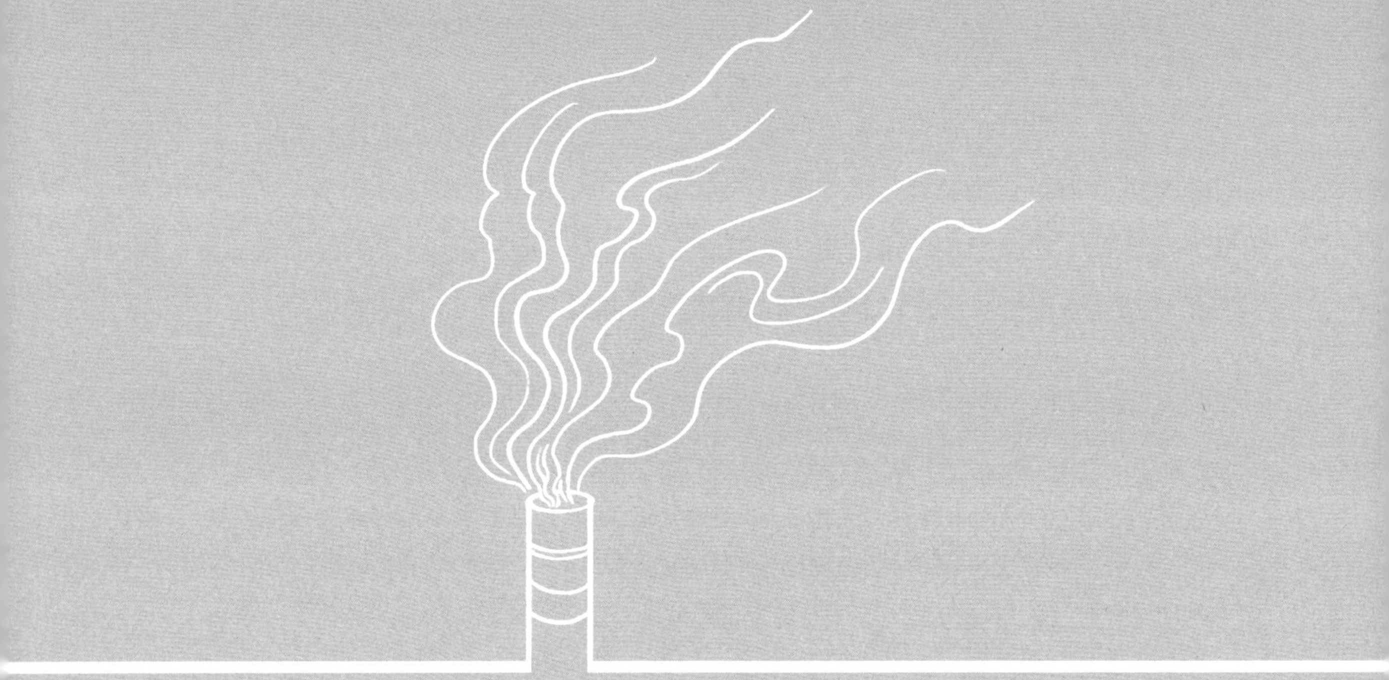

4

人类活动对
地下水
有影响吗？

"问渠哪得清如许？为有源头活水来。"别让这清泉变成变成无源之水，消失在我们的笑声和足迹里哦！

"地下大厦"牢不可破？

小水的探险笔记

今天，我见到了地下大厦的豆腐渣工程。这些区域仿佛被抽走了灵魂，只剩下空壳，变得很不稳定，就像大厦里的钢筋水泥断了一样。有些是因地下水开采过度，地下水水位持续下降，局部地区形成了地下水漏斗区，从而出现水流中断、水源枯竭和地面沉降、塌陷等问题。

地下水与地下大厦就像一对形影不离的好伙伴，长时间的和平相处形成了一个宁静和谐的地下世界。可一旦有人捣乱，地下水被抽离后，地下大厦就像失去了依靠，出现空隙，失去支撑，逐渐向下坍塌。

小水满脑子问号：什么是地下水漏斗？

地面坍塌

地面塌陷

地下空洞

破损的地下大厦

当井孔抽水时就会形成以抽水井为中心向下凹陷的像漏斗状一样的地下水位降落曲面，就是地下水漏斗。当人们无节制地使用，地下水开采超过大自然允许开采量或补给量时，地下水位将持续下降，进而导致地下水漏斗范围不断扩大。随着地下水位的降低，土壤和岩石中的水分也会慢慢被抽空，最终失去支撑力后坍塌，引起地面沉降、地裂缝和地面塌陷等地质问题。

加重地面沉降、地裂缝和地面塌陷等地质问题的同伙还有个叫潜蚀作用的家伙。地下水在欢快地流动时会带走土壤和岩石中的细小颗粒，几十年几百年几千年，日复一日地"带走"，最终使这片区域逐渐形成空洞和溶洞。当这些空洞和溶洞扩大到一定程度时，就会导致地面塌陷，形成大坑。

还有个让人担忧的现象叫地下水断流，简单来说就是地下水这个"小河流"在地下流动的时候突然中断。这可能是由于地下水水位下降，"河流"的源头没水了，或者含水层枯竭了，导致地下水无法继续流动，进而断流；也可能是由于地质构造突然发生变化，就像给地下水的流动设置了一个障碍，让它无法通行，从而引发断流。

小水的探险笔记

我还遇到了地下水断流，甚至干涸的现象，险些没能走出来，太可怕了！

地面塌陷   地裂缝   地下水断流   地下水干涸

不过，比地下水断流更残酷、更让人痛心的是地下水干涸，这意味着水资源完全枯竭，就像一个美丽的湖泊完全被抽干，什么都不剩。这种现象通常是因为人类长期过度开采，再加上气候变化这个"捣乱鬼"，以及其他人类活动等原因导致的。当地下水被过度抽取时，就像一个杯子里的水被一直喝，却没有新的水补充进来，地下含水层中的水分就会越来越少，最后慢慢枯萎，这也会导致地面塌陷。

小水的探险笔记

原来地下大厦并不是牢不可破的，过度开采、气候变化和人类活动都可能导致地下大厦坍塌。如果地下大厦坍塌了，我的小伙伴们得另寻出路，地面上的人们也会受影响，万一他们没有家了怎么办？

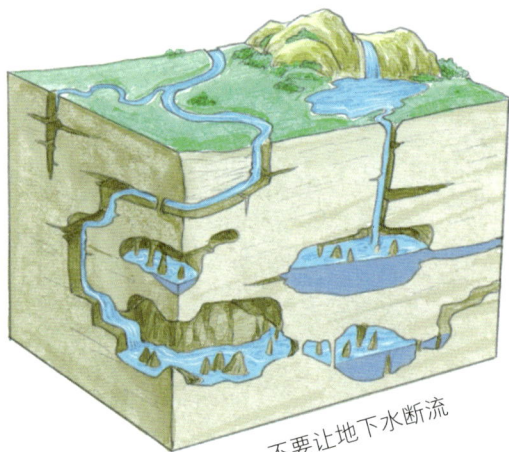

不要让地下水断流

逐渐下沉的城市

墨西哥城有 **2 000** 多万人口，是世界上人口较多的城市之一。全城有 **3 000** 多口井抽取地下水供 **90%** 的居民饮用，使得地下水被长期大量抽取。20 世纪以来，墨西哥城已经下沉了 **10** 米，平均每年下沉速度为 **8~45** 厘米。由于地面大幅度下沉，市中心广场上的大教堂必须靠支架支撑，才不至于倒塌。

水电站也会影响地下水？

　　小水听说在咱们国家长江上，有一个超级水轮机大工程，它像一个英勇的巨人，稳稳屹立在长江之上，日日夜夜努力地工作，源源不断地为我们发电，产生清洁又环保的能源。这个大工程就是大名鼎鼎的三峡水电站。

　　每当下雨的时候，上游的水奔腾而来，这个"大家伙"就精神抖擞地开始"上班"了。它哗啦啦地转动着，像一个大风扇一样，把江水变成源源不断的电能。这些电能点亮了我们的城市，让我们的生活更加便捷。除此之外，三峡水电站还可以调节长江的水流，保证下游的农田和城市有足够的用水，还能防洪，像一个坚固的盾牌，为我们阻挡洪水的威胁。

　　小水很好奇，这么厉害的三峡水电站会不会对地下水有影响呢？答案是，有的。比如影响地下水水位，当大坝上游的水位上升时，就会对周围的地下水施加压力，导致地下水水位跟着上升，这会对周围的环境造成影响。当地下水水位过高时，土壤中的水分会向地表移动，然后地表的水分会被蒸发掉，溶解在水中的盐分会逐渐积累在土壤表层，导致土壤盐碱化，不适宜作物的种植和生长。

　　地下水水位上升还会增加地下水对土壤的浸透力，土壤被泡得软绵绵的，像融化的冰激凌，导致地面沉降，造成地面坍塌，影响建筑物的稳定性和安全性。这些可能对当地居民的生活和生态环境产生严重影响。

大坝下的地下水

小水的探险笔记

地下水是土壤的重要水源之一，地下水不足可能会使土壤干燥、质地紧实，对农业生产和生态环境产生不利影响。水电站的运行也会产生重金属、有机物等污染物，它们可能通过渗漏、渗透等方式进入地下水，使地下水有被污染的风险。

大坝在上游拦水会造成下游水位下降，减少对地下水的补给，导致下游地下水水位下降，破坏下游的地下水平衡。

不仅如此，建设大坝时还会切断地下水的自然流动路径，导致地下水流动受阻。大坝的运行也会改变地下水的补给和排泄关系，从而影响地下水的流速和流向。总之，这种地下水流场的变化会对周围的生态环境和地质环境产生十分复杂的影响。

三峡大坝

不过，这么多的不利影响，都已经被三峡水电站的工程师考虑到了，他们给这位钢铁巨人装上了"智能水龙头"，可以像调节淋浴喷头那样控制放水量，还在下游布置了"会喝水"的特殊管道来控制水位。专家们也在不断开展关于大坝对地下水影响的研究，比如设置监测系统，收集监测数据，提出各种潜在灾害模式和预测的评价方法等，力争使水电站对地下水的影响降到最低。

大坝

三峡水电站

三峡水电站是世界上规模最大、发电能力最大的水电站。它的发电量足够供应整个上海的用电需求。水能是一种清洁能源，三峡水电站的建设，会代替大批火电机组，使每年的煤炭消耗减少数千万吨，并减少二氧化硫和二氧化碳等气体的排放。三峡水电站的建成使长江上游的航运更加便利，促进了沿岸地区的经济发展。

地下水库诞生记

见识了三峡大坝，小水又被带着参观了一个奇观。你可能听过三峡水库、千岛湖水库，它们像明亮的镜子镶嵌在大地上，是大家熟悉的地表水库。可你听说过地下水库吗？听说地下水库是以地下岩石空隙为储水空间，在人工干预下形成的具有一定调蓄能力的水利工程。

地下水库最厉害的本事是能够巧妙地调节水资源的时空分布。修建地下水库，进而让水资源在地下也能合理地"搬家"和"储存"，这可是管理水资源的关键一步。

有些地下水库是大自然这位神奇的艺术家亲手打造的，比如我国第一座地下水库——海底沟地下水库。它安静地躲在重庆市北碚区复兴镇龙王洞山的肚子里。那时候，这里正热火朝天地修建煤矿。工人在坚硬的岩石上钻孔，以探测前方地质条件。突然，当打通一个小洞时，一

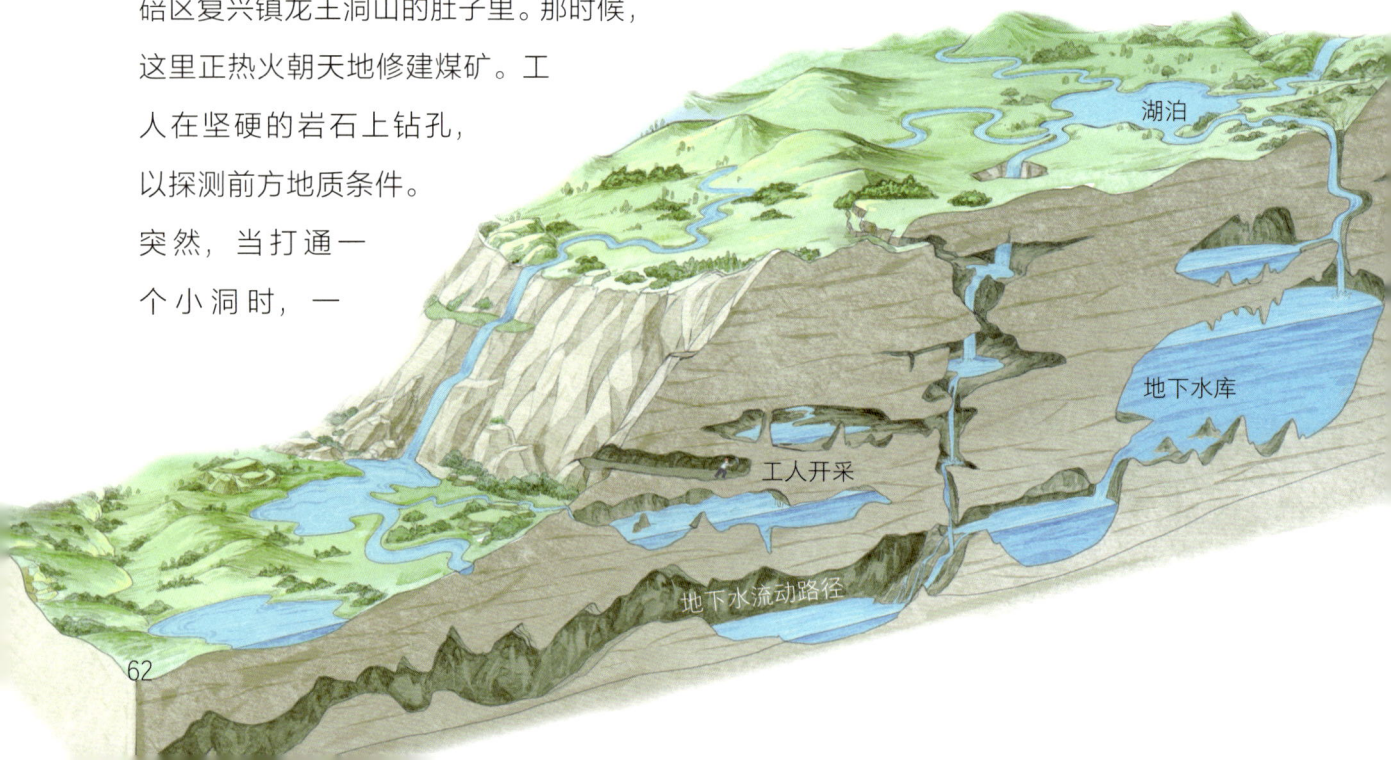

湖泊

地下水库

工人开采

地下水流动路径

钻孔

地下孔洞

抽水装置

小水的探险笔记

　　地下水库是利用天然含水层、储水构造、溶洞、地下截水坝截蓄地下水而形成的贮水空间，一般在本身就具有优势的自然环境中通过人工修建而成，具有蒸发损失小、水质不易污染、投资小、不占用地表空间等优点。

股超级有力量的水柱像发了脾气的小怪兽，"嗖"的一下冲了出来。有经验的工人一下就反应过来了——哎呀，这是钻到岩溶含水层了。这可有点麻烦！为了不让正在兴建的煤矿被这股水柱淹没，得赶紧把水全部抽走。说干就干，大家挖好引水渠后就把孔洞扩大了些，可没想到这股水柱的力量太大了，不仅把水渠冲垮了，还冲进了矿井，冲走了矿井里的矿车、机械、枕木……就像一场混乱的大逃亡。以前也遇到过岩溶含水层，可从来没有见过这么大水量的，这可把工人们惊到了，完全超出了大家的想象。

　　于是，科学家们带着先进的探测设备对这里进行了全方位测绘。嘿，还真发现了了不得的秘密。山体下面原来藏着一个巨大的水体，像一个超级大的地下水池。科学家们灵机一动，就在这个超级大水池周边修建各种引渠、拦坝和闸门，把它改造成一个藏在山体之下的水库，也就是海底沟地下水库。

　　地下水库就这么诞生了！1970 年之前，海底沟地下水库所在的地方，由于岩溶地貌，地表土壤留不住雨水，农业一直处于缺水状态。而建好地下水库之后的 **50** 年，当地农民终于有了充足的水源。实际上，这个"海底沟水库"在人类发现它之前，就已经存在 **100** 多万年了！

　　除了重庆的海底沟地下水库，我国还有非常多的地下水库，只是这些水库隐秘地存在于地下，大部分人都很难看到它们。

地下水也有可怕的一面？

就像海底沟地下水库被发现的奇妙过程一样，工人们在地下开采矿石的时候经常会遇到一些"小麻烦"。矿体周围岩石里总藏着地下水，这些地下水就像一群不安分的小捣蛋鬼，和其他水源组成团队，兴风作浪，在工人们开采时造成矿坑涌水，形成矿床充水。

充水矿床一般分三种：

1 以孔隙含水层充水为主的矿床，这类矿床主要分布在山前冲洪积平原、河流两岸阶地、河床沉积地带，一般埋藏浅，多接近或裸露于地表，由大气降水渗入补给。

2 以裂隙含水层充水为主的矿床。这类矿床相对少见，特征是充水岩层厚度大、分布广，像神秘的侠客，不轻易露面。

3 以岩溶含水层充水为主的矿床，这类矿床在我国分布较广，这种充水岩层可分为裸露、覆盖和埋藏这三种状态，像穿着不同的衣服。

工人们在井下采矿时，还经常会遇到更糟糕的状况。有时候，他们不小心破坏了矿层与含水层之间的

隔水层，或打通了导水断层，这可是不得了的，就像触发了神秘开关，这时候，地下水和地表水就会像发了疯的野马，一股脑儿地向地下井巷、硐室、采场等矿井场所涌出来，这就是可怕的井下涌水，也叫矿井涌水。有时还会引起围岩岩层搬家，地表也跟着塌陷。

　　这些井下涌水从哪来的呢？其实它的来源多种多样，有的来自像小水一样的大气降水洒下的"小水珠兵团"，有的来自地表河流湖泊的"水朋友"、藏在地底的地下"水

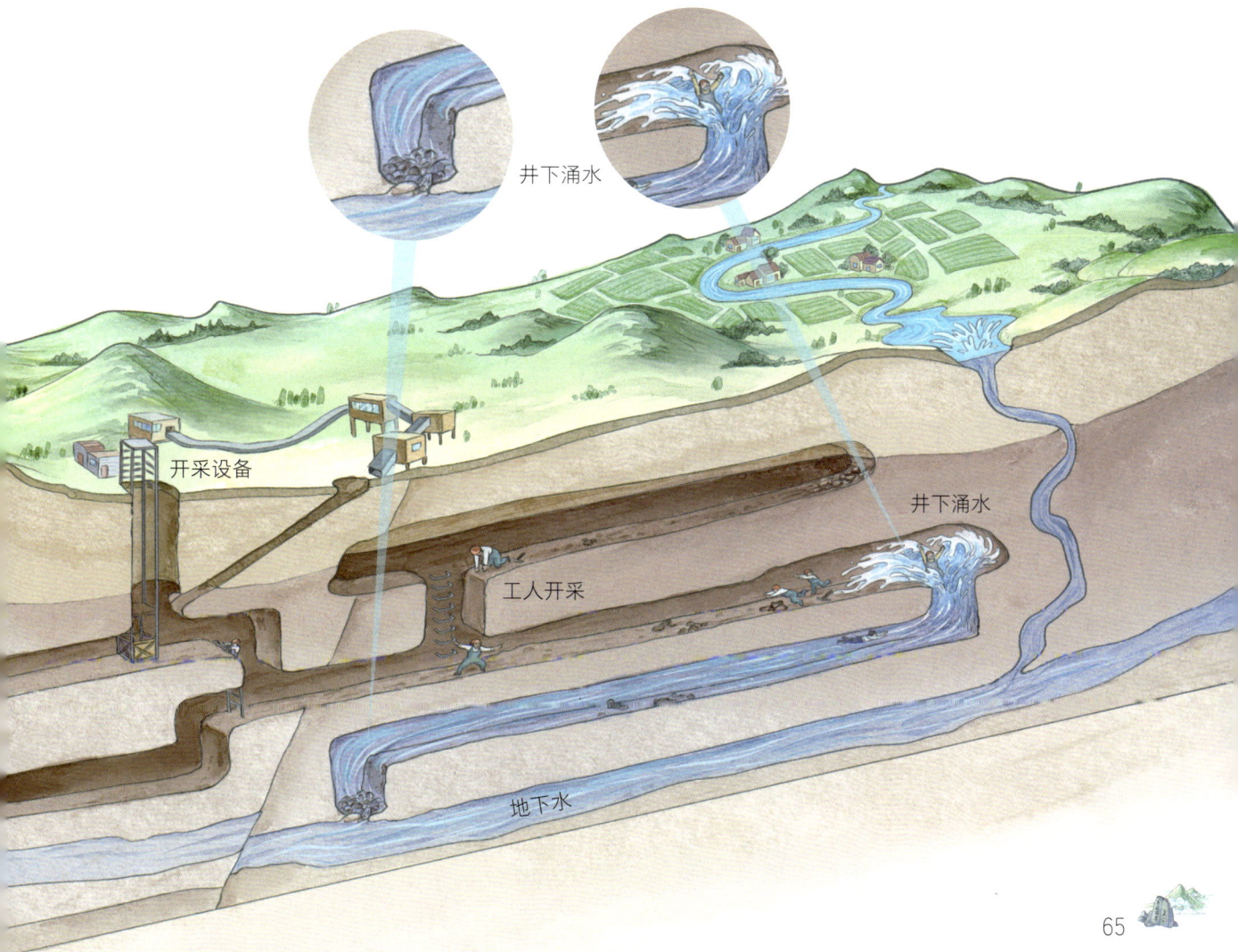

井下涌水

开采设备

井下涌水

工人开采

地下水

精灵"、采矿过程产生的"废水怪"、老采空区留下的"捣蛋水"和充填体渗水等。

矿井涌水的出现就像打开了神秘又危险的潘多拉魔盒。大量的涌水就像凶猛的洪水猛兽，可能会横冲直撞，冲毁设备，淹没工作区域，让生产中断，把矿山的运营搅得一团糟。更可怕的是，它甚至可能引发淹井事故，造成人员伤亡。这就是地下水可怕的一面。

除此之外，还有一个危险。如果矿井涌水没有经过处理就直接排入地下，那么涌水中的悬浮物，重金属、硫化物等溶解态的化学物质和微生物就像一群"小恶魔"，会对地下水造成污染，让原本干净的地下水变得又脏又臭，影响可用性。

如果涌水通过排水系统或自然通道流入地表水体，比如河流、湖泊，涌水中携带的污染物会破坏这些水体的生态平衡，让里面的水生生物无法生存。

如果涌水流经田地，其中的污染物可能通过吸附或渗透作用潜伏进土壤，让植物无法生长。

倘若矿井涌水中污染物直接接触人体，或悄悄地通过食物链进入人体，那就像给人体注入"毒素和病菌"，让人生病。

小水的探险笔记

小水在此提醒工人叔叔们，在地下作业时，一定要小心谨慎，不要违规操作哦~

矿井涌水还可能像一个邪恶的魔法师一样改变它周围的水文地质条件，让地下水位忽高忽低，水流方向乱七八糟，从而破坏周边生态环境，原本美丽的湿地会干涸、植被退化再也看不到郁郁葱葱的美好景象。

看来地下水这个小家伙不光能解渴，发起脾气来也不得了。会造成可怕的事故，这时就需要及时有效的预防和应对措施，让我们和地下水这个小伙伴友好相处。

煤矿透水事故

2021 年，我国新疆某煤矿发生了重大透水事故，造成 **21** 人死亡，直接经济损失 **7 067.2** 万元。事故发生时，当时井下有 **29** 个工作人员，只有 **8** 人安全升井，**21** 人被困在井下。最终经过 **37** 天的全力施救，累计排水 **101.05** 万立方米，搜寻出 **20** 名遇难人员，**1** 人未找到。而造成这场事故的直接原因是违章指挥、冒险组织掘进作业，在相邻煤矿老空积水压力和掘进扰动作用下，相邻煤矿老空水溃入这个煤矿的回风顺槽，造成重大透水淹井事故。

而这一年，我国山西某铁矿也发生了重大透水事故，造成 **13** 人死亡，直接经济损失 **3 935.95** 万元。事故发生后，当地第一时间启动非煤矿山生产安全事故应急救援，共 **1 084** 人参与救援行动，使用水泵 **69** 台（套）、高压排水管 **1.8** 万米，还使用了生命探测仪、皮划艇、潜水装具等装备。这场事故的直接原因是违规开采主行洪沟下方的保安矿柱，造成主行洪沟塌陷，降雨汇水径流就沿着塌陷坑流入了采空区，与未彻底治理的采空区积水相汇，积水量迅速增加，水压增大，突破了违规采空区之间的薄弱岩层，导致透水事故发生。

5

地下水是
一位"艺术家"

"绳锯木断，水滴石穿"，地下水也有
锲而不舍的精神，它在大自然中雕刻了一个又
一个美丽画作。

海陆交界处的地下奇景

　　三角洲主要由河流冲积形成，比如，黄河到达入海口时，海水顶托，河流流速减缓，携带的泥沙逐渐堆积成深厚的冲积层，从内向外铺开，最终在河口形成了扇形三角洲地貌。那么三角洲附近的地下水有什么不同呢？

　　我一个猛子扎入地下，原来黄河三角洲的地下也这么与众不同。

含水层：由粉细砂、细砂、少量中细砂组成；

分布特点：自陆地向海洋逐渐细化；

垂向特征：上部咸水，矿化度 >2 克／升；下部淡水；

优点：便于垂向开发利用。

海洋

黄河三角洲地形

地下水

　　黄河三角洲，这片神奇的土地之下，隐藏着一个鲜为人知的水世界。在这里，黄河古河道才是暗中主宰，它用一双无形却有力的大手，把黄河年复一年累积起来的沉积物切割、错断、分隔，形成了多个相对独立的水文地质单元。它还不喜欢这些单元之间互相联系，甚至还设置了隔水层，导致黄河三角洲地区地下水含水层断断又续续。

　　小水在黄河三角洲的地下穿梭，参观黄河古道统治下的世界。虽然被切割得很乱，可小水还是发现了这里的规律：从水平方向看，黄河三角洲的地下水分为全淡水区、咸淡水重叠区和全咸水区，这是陆地水向海水逐渐过渡的典型特征。

生态优美

　　全淡水区分布在黄河河道附近和一些地势较高的区域，水质比较好。咸淡水重叠区位于中间，属于过渡区域，地下水的矿化度逐渐升高，水质逐渐变差。全咸水区则分布在低洼地区和滨海地带，地下水矿化度极高，不适合直接用于农业灌溉和居民生活用水。

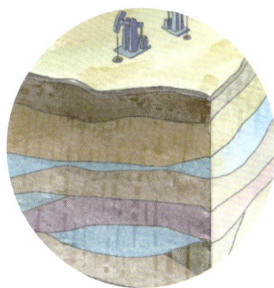

地下分隔

　　从垂直方向看，黄河三角洲的地下水也有明显的变化规律。在浅层地下水中，由于强蒸发作用和海水影响，形成了以氯化钠型水为主的高矿化水。随着深度的增加，地下水的矿化度逐渐降低，水质也逐渐变好。在深层地下水中，存在稳定的淡水体，这些淡水体是黄河三角洲地区的重要水资源。

　　黄河三角洲地下水的补给方式也有着自己独特的个性：除了常见的河流补给、降水补给外，还有海水这位独特的客人前来"帮忙"，只是可惜这位客人总是好心办坏事，他带来的咸海水并不受欢迎，虽然补给了地下水，但也会影响水质。造成的海水倒灌会使农田盐碱化，毁坏房屋建筑，还

地上河流

破坏生态环境。

　　黄河三角洲的地下水还有一个特点：水位的变化有明显的季节性规律，春季气温回升，蒸发作用增强，而降水量较少，地下水补给不足。加之春季农业灌溉增多，地下水的开采量增加，多种因素共同导致地下水水位下降。

　　夏季是这里的雨季，降水量显著增加，大量的雨水补给地下水，同时，河流径流量较大，会通过侧渗作用对地下水进行补给。

因此，夏季是黄河三角洲地下水位最高的季节。

　　进入秋季，降水量逐渐减少，蒸发作用仍然较强，同时，农业灌溉让地下水开采量也很高，因而，地下水位再次下降。

　　冬季是这里的枯水期，降水量极少，地下水的补给主要来源于河流径流的侧渗补给和人类活动的回灌。不过，由于此时农业灌溉减少，地下水的开采量也相应减少。所以，地下水位能保持稳定或略有上升。

　　黄河三角洲独特的地理位置孕育了独特的地下水奇景，虽然被分裂，却在水平垂直方向上各有分布规律，春夏秋冬又循回有序。小水再次感叹"一方水土养育一方人"。

潜水层

承压水层

隔水层

承压水层

四重地下水宝藏

　　小水欢快地与黄河三角洲告别，满心期待地踏上了新的旅程，来到了长江三角洲。长江三角洲，宛如一颗璀璨的明珠镶嵌在我国东部，是长江与大海相遇的地方，听说它是我国最大的河口三角洲，总面积约 35.8 万平方千米，几乎与云南省一样大。

　　长江三角洲主要由长江和钱塘江这两位"搬运工"不辞劳苦、日复一日地搬运大量泥沙沉积形成，这些沉积物在漫长到上百万年的时间中最终形成了深厚的第四系松散地层。这个地层富含孔隙结构，像构造了一个个小房间，是地下水家族最喜欢的居住条件。

　　长江三角洲蕴藏着丰富的地下水资源，大多是孔隙水。这些地下水中，潜水埋藏深度为 0.5~3.0 米，微承压水埋藏深度为 15~20 米，承压水埋藏深度为 25~300 米。

　　长江三角洲最独特的地方在于，这片地区共有 4 个承压含水层，分上下两组，中间有比较稳定的黏土隔水层。整体上看，就像一块铁板隔开了上下 4 个充满水的海绵块。铁板的上

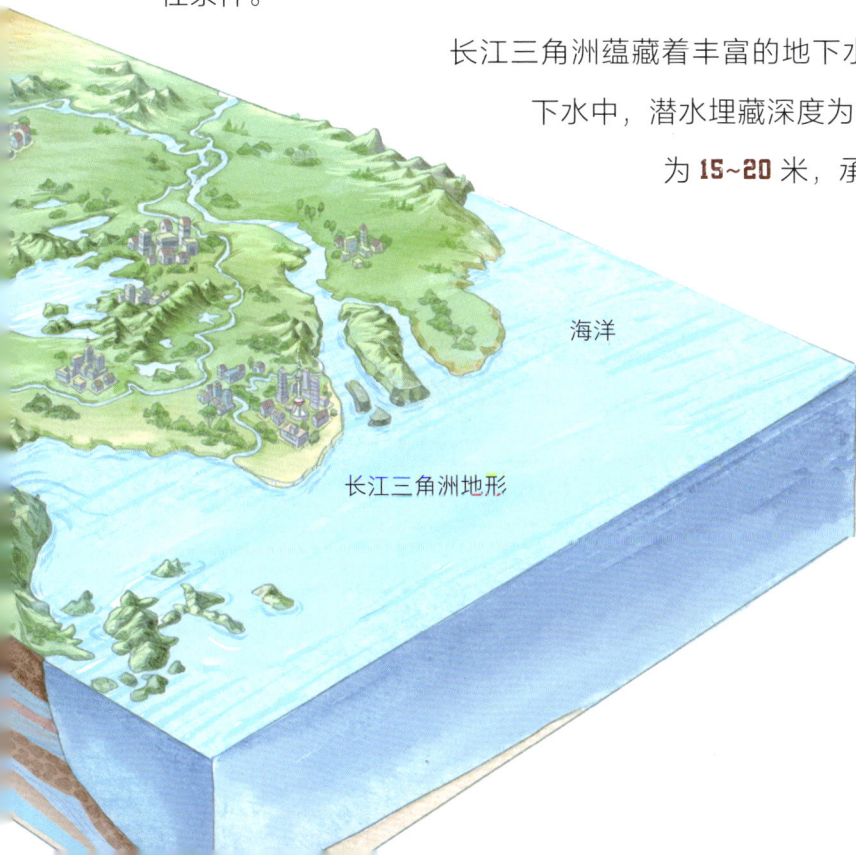

海洋

长江三角洲地形

73

方有两个承压含水层，是海相和海陆相交互沉积，水质偏海水，微咸；幸好，这块大铁板的下方两个含水层均是陆相沉积，水量较大，水质比较好。

小水的探险笔记

长江三角洲地区的含水层厚度、岩性和富水性从古河道中心向两侧渐变。含水层主要由上更新统粉细砂、细砂、中细砂组成，部分地区是中细砂和砂砾石。在江苏境内长江沿岸地带，承压含水层与潜水、上下两层之间可能并无稳定隔水层存在，就像抽掉了中间的铁板。上层顶板，分布不稳定，多呈透镜体分布，厚度不均，富水性较差。

这里的地下水补给方式有降水、河流渗入和地表水渗透。在雨季，大量降水迅速补给地下水；流经三角洲的长江、黄浦江等，也会通过河岸渗入补给地下水。

长江三角洲还有个独特之处：这里的含水层补给入渗能力比较弱。如果过度开采和不合理利用，会导致地下水位下降并且无法及时恢复，使地面沉降、地面漏斗问题进一步加剧。所以这里的地下水在利用时要特别小心。可惜的是，工业和农业活动导致地下水中出现了各种污染物，影响地下水质量。其实，及早发现问题，快准狠地解决，就可以避免更深的污染。

长江三角洲和黄河三角洲一样都是海陆交界地带，但它们的地下却截然不同。长江三角洲拥有独特的上下各两层承压含水层结构十分罕见。

湖泊

入海口

地面入海口

三角洲也会缺水？

应南方小伙伴的邀约，小水离开长江三角洲，继续南下，又来到了一片神奇的土地——珠江三角洲。

珠江三角洲因位于珠江的下游河口地区而得名，与其他三角洲一样，像一位温柔的母亲，用河流的乳汁，在流入海洋的漫长旅程中，孕育出一片广阔的平原。它的地形大部分是平原和低洼地，海拔大多低于 **50** 米。这种地势仿佛大地的怀抱，轻轻拥抱着每一滴雨水，让它们悄无声息地渗入地下，滋养着地下水的脉络。而她的北部和西部是丘陵和山地，为地下水提供了天然的汇集与蓄存空间，山区的雨，是天然的馈赠，通过土壤和岩石层层过滤渗入地下，形成深层地下水，并成为地下水的重要补给区。

然而，这种地形也使得珠江三角洲的地下水分布不均匀。在河谷地带和三角洲平原地区，地下水如同富饶的宝藏，在丘陵、山地和沙洲等地，地下水分布稀少。同时也因为地下水的补给来源和地质条件不同，这里的水质差异很大。

在河谷和平原地带，地下水多为淡水或微咸水，而在沿海地区海水的咸味儿悄然渗透进来，地下水多为咸水或卤水。

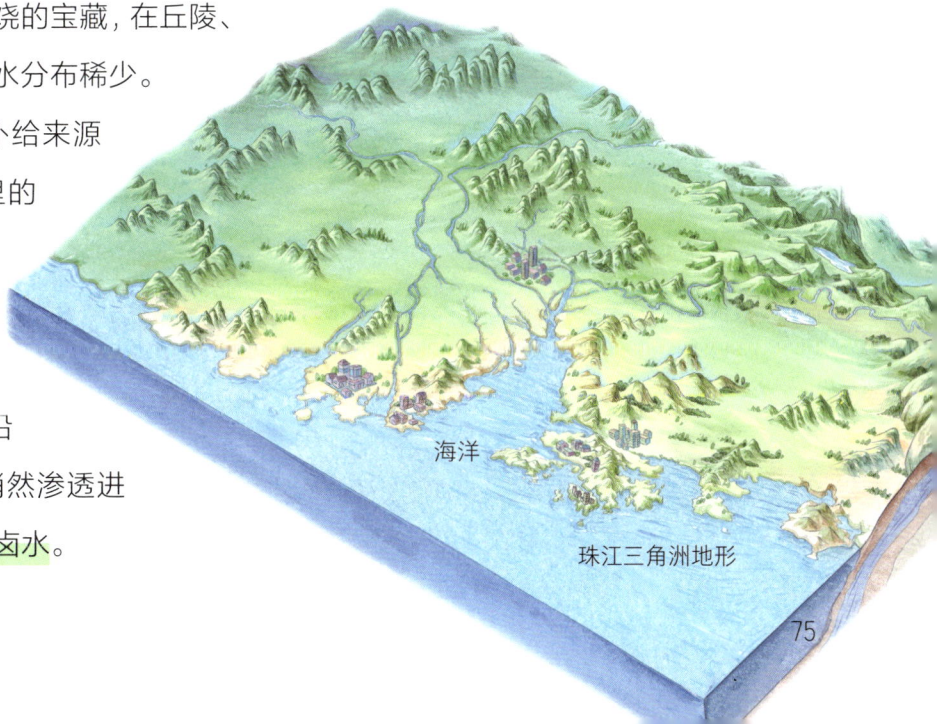

海洋

珠江三角洲地形

珠江三角洲的地下水主要来自大气降水和河流补给。这里的气候有点儿任性，常常会"耍小脾气"，降水的季节性分布比较不均，在某些季节可能出现降水量不足，导致季节性缺水。同时，珠江三角洲作为沿海地区，会受到海水倒灌的影响，由于人为大量开采地下水，导致水位下降，这时，海水就会像个不请自来的客人，向内陆渗透，侵入地下水。

小伙伴自豪地告诉小水："珠江三角洲和长江三角洲一样，是我国经济高度发达的地区，孕育了广州、深圳这样的大城市。珠江三角洲甚至已经是世界人口和面积最大的城市群了。"小水听后开心的同时又有点儿担忧，如此大规模的城市群，地下水资源会不会供不应求。

事实上，小水的担心不无道理，随着珠江三角洲的快速发展，地下水的开采量不断增加，也出现了地下水水位下降、地面沉降和水质恶化等一系列问题。

入海口

还有，工业废水、农业水源污染和城市生活污水的排放，也使得这里的水质下降。

此外，珠江三角洲还面临着水资源短缺的问题。为了解决这个问题，备受瞩目的大湾区"超级水利工程"——珠江三角洲水资源配置工程已经正式通水了。这个大工程西起西江干流佛山顺德鲤鱼洲，东至深圳公明水库，实现了从珠江三角洲西部向东部地区引水，自此也将逐步退还东江流域生态用水，进一步保障粤港澳大湾区供水安全和生态安全。

用水装置

三角洲地区也会水资源短缺，小水与伙伴对视后同时发出感叹，无论在哪里，节约用水、保护水资源都很重要。

水污染

溶洞的奇特造型是怎么来的？

　　小水穿梭在地下水世界，发现某些地区的地下水彷佛有着神奇的"魔法"，它们虽然被土壤和岩石包围，却在悄无声息的流动中缓缓施展着它们的"魔法"——耐心又执着地慢慢溶解岩石，然后一点点开拓出大片的洞穴和通道，而这些令人惊叹的洞穴和通道，便是美丽又神秘的溶洞。

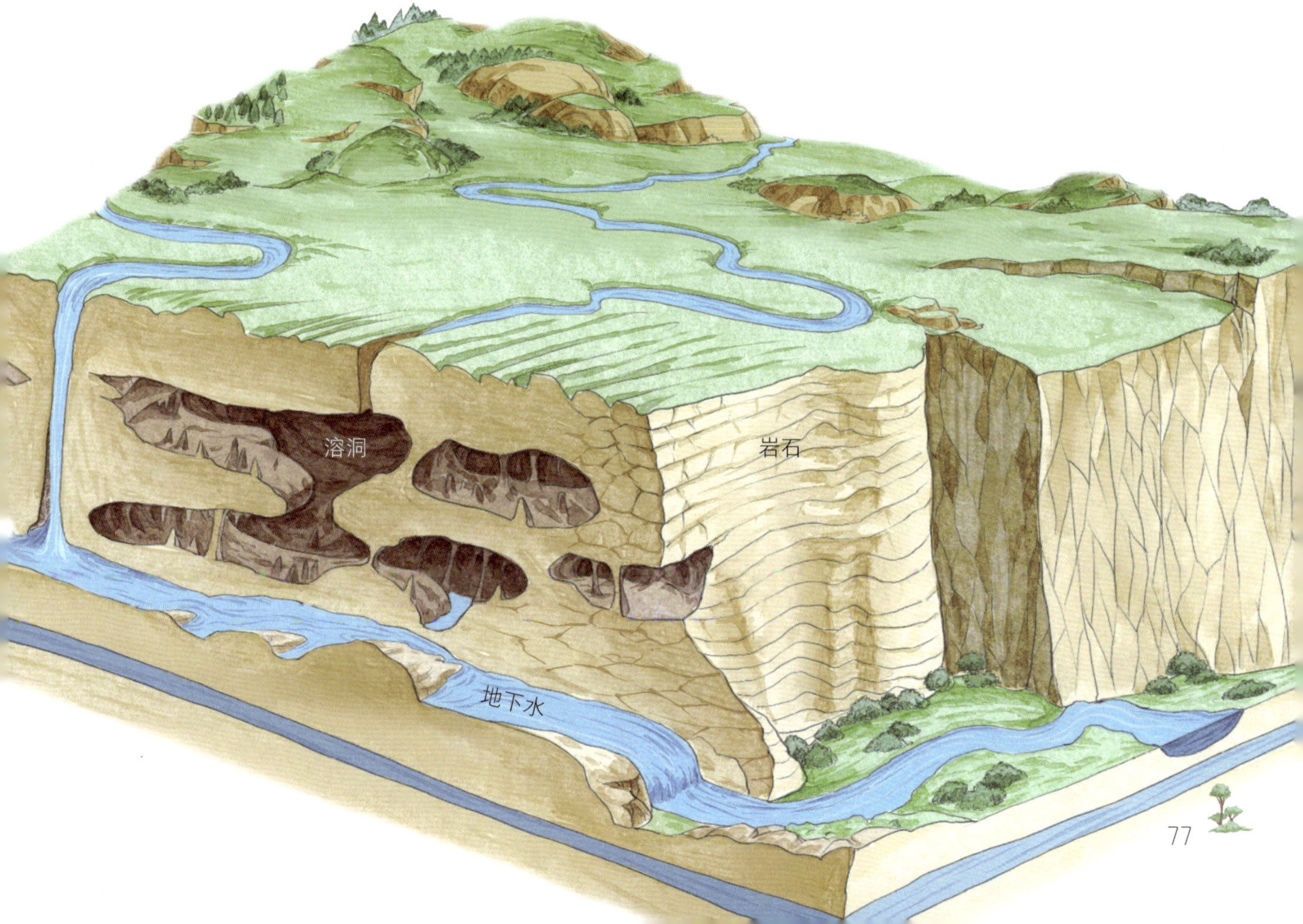

溶洞

岩石

地下水

走进溶洞这个充满神秘气息的世界，小水看到了大量的钟乳石、石笋、石幔，千姿百态，令人叹为观止。这些景观的形成离不开地下水的"魔法"，但并不是所有的地下水都有这种"魔法"，这需要特定的条件。

特定的地质条件

想要形成溶洞，地下水必须得穿过以石灰岩为代表的可溶性岩石——碳酸盐岩才行。这种岩石主要成分是碳酸钙，白白的，像雪一样。当它溶解在水中时，会变成一种叫做碳酸氢钙的物质。

这个过程就像把一块糖放入水中，糖会溶解在水里一样。不同的是，碳酸钙不像糖那么容易溶解，它只是微微溶于水，溶解速度非常慢。但在流水坚持不懈的长期冲刷下，碳酸钙也不得不乖乖地不断溶解在水中。由于这种石灰岩层各部分的石灰质含量不一样，被侵蚀的程度自然也不一样，就这样，不同石灰质含量的石灰岩逐渐被溶解、分割，最终形成了具有奇异景观的溶洞。

足够多流动的地下水

在溶洞形成过程中，地下水扮演着至关重要的角色。

它是溶洞形成的主要动力，它不断地在岩石中穿梭，将岩石中的碳酸钙等物质溶解掉，逐渐扩大岩石的空隙，慢慢形成溶蚀孔洞、岩溶管道和溶洞。

在这个过程中，地下水的化学性质也影响着溶洞的形成。这就像是一场魔法舞会，在含有二氧化碳的地下水的邀请下，岩石中的碳酸钙应邀和它们一起跳舞，共同创造出一种新的可溶性物质——碳酸氢钙，这可大大加速了岩石的溶解速度。不仅如此，地下水中的其他化学物质也可能与岩石发生反应，影响溶洞的形成。

地下水的流动和排泄条件也会影响溶洞的形态和特征。地下水的流动路径决定了溶洞的形状和规模，而地下水的排泄条件则像"加速器"或者"减速器"，影响着溶洞的发育速度和形成规模。当地下水排泄条件好、交替作用强时，溶洞发展速度就会比较快；而当地下水运动缓慢或停滞的时候，溶解的碳酸钙会及时沉积下来，形成各种沉积物，慢慢地改变溶洞的形态和特征。

漫长的时间

溶洞的形成过程就像一场漫长而艰辛的马拉松，需要经历数百年、数千年甚至几万年、几十万年的时间，就像一位耐心的雕刻家一点点雕琢着作品。

简单来说，溶洞的形成过程就是地下水对石灰岩坚持不懈的溶解和侵蚀过程。只有长时间的积累，才能把岩石一点点溶解出空洞和通道，最终形成壮观的溶洞景观。就像"滴水石穿"这个简单的道理。

这三个特定条件就决定了全球溶洞数量非常有限。小水这次旅行赚翻了，它的眼睛像是一台摄像机，记录着平时只能在梦里见到的奇景。

溶洞之乡

我国的贵州是世界上喀斯特溶洞分布最广、发育最典型的地区，是世界著名的喀斯特地貌之乡，奇特的喀斯特地貌，成就了贵州"溶洞之乡""洞府迷宫王国"的美称。

地下也有喀斯特地貌?

小水跟着小伙伴们慢慢见证了很多地下水的杰作,喀斯特地貌就是其中之一。

喀斯特地貌是一种特殊的石头地貌,它的名字来自拉丁语,意思是"岩石的溶解"。

这种地貌是大自然用水精心雕琢出的梦幻艺术品,是地下水与地表水携手对可溶性岩石进行溶蚀与沉淀,同时伴随着重力崩塌、坍塌、堆积等作用才形成的。

在那些有着石灰岩、白云岩等可溶性岩石分布的地方,地下水顺着岩石的裂隙和孔隙向下渗透,与岩石中的碳酸钙等矿物质发生溶解反应。随着反应的进行,岩石逐渐被溶蚀,最终形成了各种各样、千奇百怪的溶洞、岩溶管道和溶蚀孔洞。

地下水与喀斯特地貌之间的关系就像两位默契十足的舞伴在跳优雅又迷人的双人舞,彼此相互影响,相互配合。地下水的活动会影响喀斯特地貌的形态和特征,反过来,喀斯特地貌的形态又像是一位指挥官,决定着地下水的流动路径和储存条件。

也就是说,地下通道和溶洞的发育程度精准地决定着地下水的流动速度和流量,进而影响着地下水的补给和排泄条件。

而气候、岩石的成分、结构和厚度,还有生物的活动等众多因素则像一群在默默奉献的幕后英雄,在看不见的地方,齐心协力地为这场双人舞伴奏着。

喀斯特地貌特别喜欢在热带和亚热带地区发育成长,这是因为那里高温多雨的气候就像舞台上耀眼的聚光灯,让溶蚀作用更加猛烈。而在温带和寒带地区,低温少雨的气候则像是给这场双人舞按下了慢放键，喀斯特地貌的发育相对缓慢。

生物活动也在这场奇妙的地貌塑造表演中扮演着重要的角色。比如，植物根系的生长和动物的活动可以扩大岩石的裂隙和孔隙，加速溶蚀作用，这就好比为这场双人舞增加了更多动作和变化，让喀斯特地貌变得更加多姿多彩。

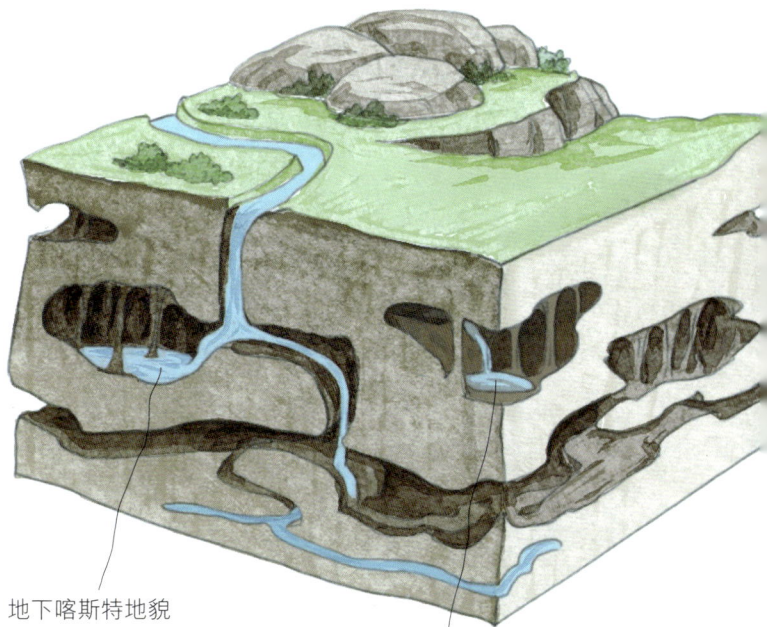

地下喀斯特地貌

地下喀斯特地貌

在喀斯特地貌中，地下水通常储存在溶蚀孔洞、地下通道和溶洞等空间内，形成了丰富的地下水资源。

总之，地下水虽然在喀斯特地貌中扮演了最重要的角色，但喀斯特地貌的形成和发展是众多因素相互作用、相互制约，共同塑造的结果。

我国哪里有喀斯特地貌?

喀斯特地貌形态多样，包括溶洞、石林、石峰、石芽等。我国的喀斯特地貌分布广泛，主要集中在桂、黔、滇、湘等地，这些地区石灰岩分布面积广，厚度大，质地纯，并且降水丰沛，使喀斯特地貌得以充分发育。我们所熟知的广西桂林山水、云南石林等都是著名的喀斯特旅游胜地。

地下水"与扇共舞"

小水就这样满怀好奇一头扎进地下水的世界里四处探险。他悄无声息地在岩石和土壤之间穿行。不知不觉便来到了一个山口处。

眼前的冲积扇就像一位慷慨的母亲，接纳了小水。冲积扇是河流出山口处形成的扇形堆积体，尤其是在湿润或半湿润地区，冲积扇非常常见。当河流摆脱了两侧山体的约束，带着一堆物质从山谷里跑出来，到了开阔的低地，就会像小扇子一样缓慢散开，把由黏土、粉砂等构成的比较细小的沉积物都放下，逐渐形成了平面上呈扇形、

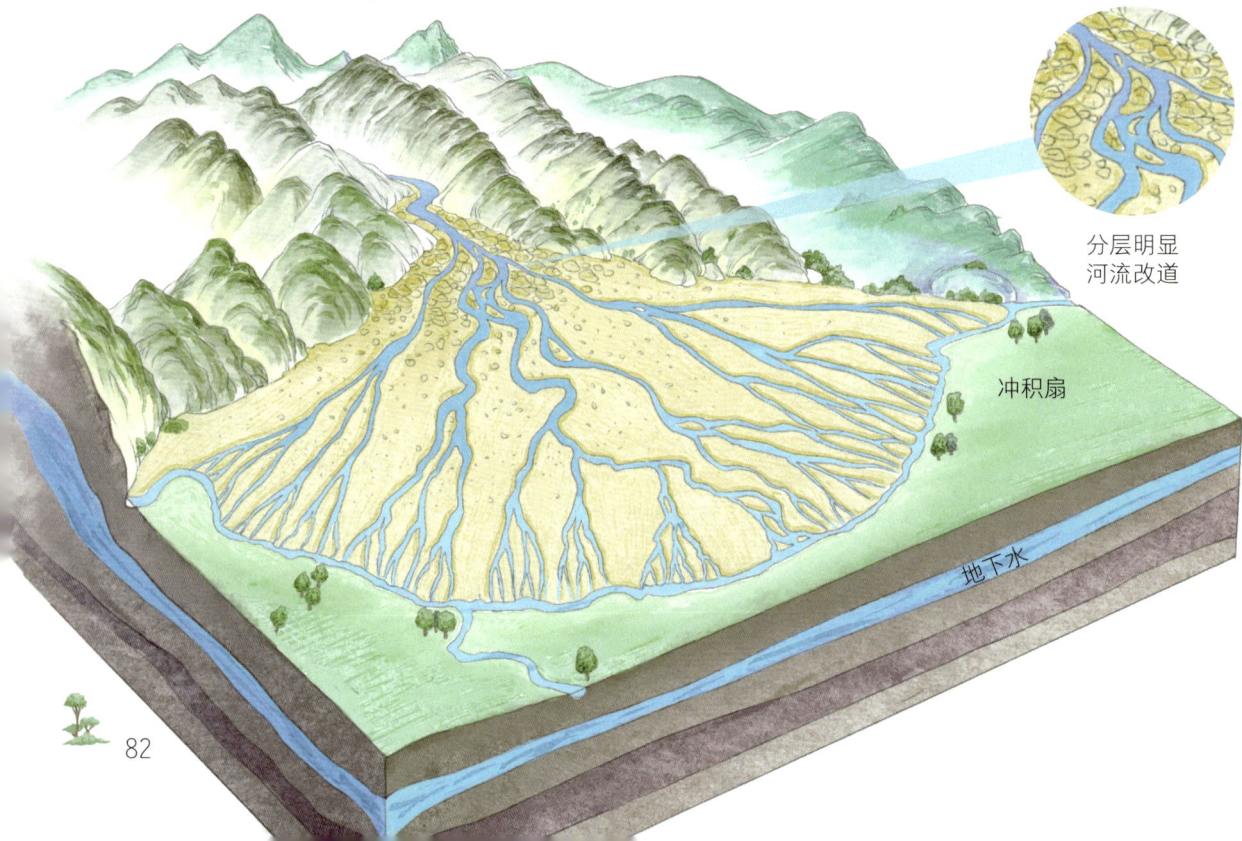

分层明显
河流改道

冲积扇

地下水

扇顶伸向谷口、立体上大致呈半埋藏的锥形地貌。

冲积扇的坡度通常较小，并且从扇顶到扇缘缓慢降低，这使河流在冲积扇上流动时速度逐渐减慢，泥沙慢慢沉积。河流流速减小，搬运能力降低。从扇顶到扇缘，沉积物的粒度会逐渐变细，形成一种明显的分层结构。

随着时光流逝，河流不断带来新的泥沙，也悄无声息地不断改变着冲积扇的形态和规模，大自然这位顶级艺术家，在大地上创造出一幅美丽的画作，每一笔都留下了岁月的痕迹。

然而，河流在冲积扇上流动时，容易受到沉积物的影响，导致河床不稳定，所以冲积扇上的河流常常任性地改道，让人捉摸不透。

相比冲积扇，洪积扇更像是一位性格豪爽、粗犷的父亲，它是由暂时性流水也就是洪水堆积形成的，通常在干旱或半干旱地区可以见到，由于那里降水较少且集中，容易形成洪水。洪水中裹挟的泥沙、砾石和卵石会在山口堆积，形成一个个小山丘，这就是洪积扇。洪积扇的沉积物不仅体积较大，而且毫无秩序可言，分选性差，与冲积扇那明显的分层结构不同的是，洪积扇会将各种大小和形状的砾石随意混杂在一起，把它的粗犷性格展露无遗。

洪积扇总是比较陡峭，可见洪水冲刷和沉积作用的短暂性和强烈性。

当地下水遇到冲积扇和洪积扇这两位性格迥异的长辈时，它们之间也会相互影响。比如，地下水会对冲积扇和洪积扇的沉积物进行溶蚀，将其中的可溶性矿物质一点点溶解掉。这个过程会把冲积扇和洪积扇变得松散而多孔，从而为地下水提供更广阔的活动空间，之后，地下水可以更容易地在其中穿行，更利于流动和循环。

什么是山足平原？

　　山足平原，又称山麓平原，是自然地理中一个独特的类型。它位于山区至平原的过渡地带，是由一系列洪积扇或冲洪积扇发展形成的平原。当山区的大量溪流和洪水冲刷下来，携带的泥沙和砾石在山脚处堆积，日积月累，就形成了这种独特的平原。

坡度较陡
分层不明显
无河流形成

地下水

洪积扇

沙漠中也有花园？

地下水家族可真是无孔不入啊！即便是在沙漠这个看似干燥无比的地方。虽然沙漠表面上看起来像是一片没有生命的"死寂海洋"，但是沙漠的地下却有可能隐藏着一个充满生机与活力的"水下乐园"。这是为什么呢？

原来沙漠在很多时候，其实是一位深藏不露的"大富翁"，它们往往藏有深厚的含水层。这些含水层由砂、砾石等松散岩层组成，能够储存大量的地下水。这些含水层的厚度和分布范围因地区而异，但通常可以在数十米到数百米的深度内找到。

那么，这些地下水是从哪里来的呢？

在沙漠地区，地下水主要来自大气降水、冰山融水和河流入渗。

想象一下，如果沙漠上游的山区存在降雨与冰雹，那么雨水和雪水就会顺着地势下渗流入地下，最终汇聚成一条地下河流。而这条地下河流就是给沙漠地底下送来这宝贵财富的神秘的通道。

倘若人们在沙漠中迷失了方向，只要能找到一个水源，就犹如找到了救命稻草。

由于沙漠地区气候干燥，降水稀少且蒸发强烈，地下水的补给量通常比较低。这些地下水可能藏在地下几十米甚至几百米深的地方并且分布不均。

虽然沙漠地区的地下水不是那么容易就能找到的，但它确实是真实存在的

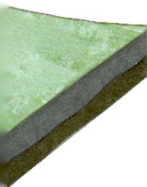

沙漠宝藏，而且是沙漠生态系统中不可或缺的一部分。许多沙漠动植物都依赖地下水生存。比如仙人掌、胡杨等植物正是靠着深深的根系吸取地下水而生长。

沙漠中的地下水是一个神秘的宝藏，它们对于支持当地经济发展、居民生活和生态保护都具有重要的意义。

比如月牙泉，是存在于敦煌附近沙漠中的一处天然泉水景观，古往今来以"沙漠奇观"著称于世，被誉为"塞外风光之一绝"。大量研究表明，月牙泉的形成主要与所处地区的地质结构、低洼的地形和区域性地下水水位较高等因素有关。

想要开发和利用沙漠中的地下水却并非易事。比如塔克拉玛干沙漠的地下水资源虽然丰富，但有些地区的地下水位较深，想要开发利用它们的话，需要深井抽水才能获取。而且，盲目抽取还可能导致地下水位下降和水源枯竭，此外，沙漠地区的生态非常脆弱，贸然开发地下水可能会破坏当地生态环境，对当地生物多样性和生态平衡造成威胁。

如今，由于沙漠地区地下水资源已经面临着过度开采和污染等威胁。我们需要更加谨慎地采取保护和可持续利用的措施，以确保这些宝贵的资源能够为我们的未来提供保障。

沙漠地下水可以被开发利用吗？

　　沙漠的地下水并非不能被开发利用。位于北非地区的撒哈拉沙漠中的一些国家已经成功地开发了地下水资源，将其用于农业灌溉、城市供水和工业用水等。例如，在利比亚，人们利用地下水进行农业灌溉，种植小麦、玉米和柑橘类水果等作物。在阿尔及利亚，地下水被用于城市供水和工业用水，支持当地经济发展。

小水的探险笔记

　　沙漠地下水有一个令人无奈的特点：它们可能是咸的。这是因为沙漠中的水分蒸发速度非常快，导致地下水中的盐分被浓缩，使水变咸。这就像吃薯片时，如果不喝水就会觉得口干舌燥一样。所以，在沙漠中找到的地下水并不一定能解渴。

沙漠

沙漠之泉

地下水

6

探究平原下的世界

"星垂平野阔，月涌大江流。"广阔无垠的平原总带给我们无尽的想象。

超大天然过滤器

小水脑洞大开，有了一个新的冒险计划，它想去看看在广袤的平原大地下，那些秘密的河流湖泊，是怎样孕育出大片大片的绿毯般的农田的。

怀着满心的憧憬和期待，小水迫不及待奔向我国最东边的三江平原，这里因独特的地理条件吸引了众多地下水小伙伴聚集在此，是一座"地下水游乐园"。这片广袤的土地总面积约 10.8 万平方千米，那可是相当于 6.6 个北京市那么大。像是大自然这位艺术家精心铺设的一道阶梯，自西向东逐渐降低，悠然地向沿海倾斜着。

那倾斜的地面与大气降水、河流和冰雪融水等多种水分来源相互配合，就像一群默契十足的小伙伴，齐心协力地构建起了一个既充沛又稳定的地下水补给系统。那么，这个系统到底有哪些特殊的地方呢？

三江平原缓缓倾斜的地形，就像是为地下水精心打造一条天然的"高速通道"。

每当温暖的季风带来充沛的降雨，雨滴欢快地洒落在这片平原上时，雨水就像一

三江平原一隅

河流

岩石

地下水

群小精灵，顺着坡度层层渗入地下，不断地为含水层补充着新鲜的"血液"。尤其是平原东部的沼泽湿地带，土壤疏松多孔，具有强大的水源涵养能力，犹如一个巨大的天然过滤器，高效地储存并更新着地下水。这里的水质好得令人惊叹，矿化度低，比如虎林市某监测点

河流横切面

的地下水矿化度仅为 **300** 毫克 / 升，而矿化度低于 **1** 克 / 升时就达到淡水标准了，不需要人为干预的天然过滤器，是多么神奇的自然赠予！

三江交汇

黑龙江、松花江和乌苏里江三条气势磅礴的大河，在三江平原交汇，这里河流密布，河网发达。

这些河流不仅为地表提供了丰沛的水资源，更在洪水期或丰水季节通过向地下渗漏调节着河流水量。比如雨季江水泛滥时，部分水分会滞留在岸边低洼地带的土壤中，之后慢慢渗入地下，不仅丰富了地下水体，也避免了洪水产生。

三江平原地理位置偏北，冬季被一个冷酷的巨人统治着，漫长且严寒，厚厚的积雪到春季时融化，那时，大量的融水通过渗透作用汇入地下，成为地下水重要的补给来源。

这种季节性的过程赋予了三江平原地下水周期性补充和更新能力，始终保持着满满的活力与稳定。而且这里的地下水位受季节性降雨量的影响显著，有明显的动态变化特征，比如汛期后地下水位上升，旱季或农业灌溉高峰期则下降明显。

三江平原特殊的地势不仅形成了独特的地下水环境，而且使得地下水大多为 承压水 或微承压水，以 孔隙水 的形式存在，从平原向山前由浅到深，地下水埋深变化大，一般在 20~100 米，有些部位可达到数百米深。

地下水漏斗

地下水

"北大荒"变"北大仓"

三江平原可以称得上是一块宝地，这里冬天冷，夏天热，年日照时数较高，日照时间长，辐射强烈，特别适合农作物生长。

然而，三江平原以前因为气候寒冷、沼泽湿地多，还有一段时间禁止开发等原因，这片土地曾经一度荒无人烟，被称为"北大荒"，但现在这里变成了重要的农垦区，是我国重要的小麦、大豆和水稻等农作物产区，已经变成"北大仓"。

这里还被设为国家级自然保护区，是丹顶鹤、东方白鹳、大天鹅、小天鹅、大白鹭、草鹭、白鹳等珍贵水禽的重要迁徙驿站和繁殖地，每年春秋两季，在此停歇和繁殖的候鸟数量高达数十万只。

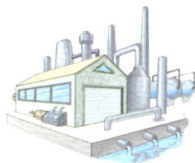

黑土地下还有什么宝藏？

从三江平原出来后，继续往西南走，来到了东北平原。在进入东北平原之前，小水听家族的长辈们说起一件趣事：我国地下水资源分布很不平衡，南多北少。

2023 年，我国地下水资源南方地区占比约达到 66%，而北方占比 34% 左右。

北方地区以占全国三分之一的地下水资源，支撑了一半以上的国土面积和耕地。

北方的地下水主要存储在东部平原区，就包括东北平原、黄淮海平原两个豪华大别墅。这些地区砂砾石等松散堆积物像是给地下水铺了厚达数百米，有的甚至上千米的"柔软床垫"，为它们的赋存、运移创造了有利条件。

广袤的东北平原以其肥沃的黑土地闻名遐迩，其实，在这片土地之下，还隐藏着另一种无价的"宝藏"！

东北平原是我国第一大平原，地貌开阔平坦，平均海拔仅在 200 米以下，自西向东缓缓降低，像一个轻轻倾斜的滑梯，这种缓降的地貌就像大自然专门为地下水打造的"梦幻家园"，方便它们储存和流动。实际上，东北

地下水

平原是由松嫩平原、辽河平原和三江平原三个部分组成，这些地区广泛受到黑龙江、松花江、辽河的温柔滋养，在河流的冲积中形成了深厚的沉积层。由砂砾石和粉细砂堆积的孔隙和裂隙系统，像大自然精心编织的蓄水网，是大自然亲手铺设的巨大地下水库。

以松嫩平原为例，这里的季风十分慷慨，带来年均 **400~600** 毫米的降雨量，这些雨水在土壤层间下渗，逐渐汇聚成充沛的地下水储备。尤其在东部低洼的湿地区域，那里的土壤疏松多孔，简直就像一块超级吸水的大海绵，具有强大的蓄水，而且还具

东北平原一角

地下水

有净化能力，不断补充和更新着地下水。

　　与三江平原一样，东北平原也存在河流侧向补给和季节性的冰冻—融化过程，这进一步充实了含水层，为地下水系统的稳定和持续供水提供了保障。

　　东北平原的土壤富含"腐殖质"，是一片珍贵的"黑土地"，生活在这里的人们把这片黑土地看作最珍贵的宝藏，黑土地之下的水资源是另一份"宝藏"，这些"宝藏"是这片土地的"生命之源"。

历史的教训

　　曾经有一个时期，辽河的水被严重污染。由于环保理念的缺乏和监管不力，历史上辽河曾经被排入大量工业废水和生活污水，再加上农药化肥残留，导致辽河曾成为"中国最脏的河流"，以至于河水里没有任何生物能够生存。

　　经过多年的治理和保护，辽河的水质已经得到显著改善。自2013年以来，辽河的高品质水所占比例逐年上升。同时，辽河流域的生态环境也得到了有效保护和修复，水生态系统得到了恢复和优化。

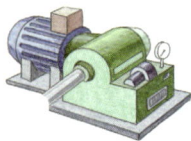

黄淮海平原的地下水还有多少？

小水在东北平原上往西南方向前行，走着走着就来到了我国第二大平原——黄淮海平原。小水感觉进入了一块广袤无垠的大地毯，一下就被吸引了，想在这片平地上随便打滚儿。

黄淮海平原的名称来源于黄河、淮河和海河，但它也被叫作华北平原。

黄河是塑造黄淮海平原的主河流，它像一位脾气暴躁的大力士，在孟津时，气势汹汹地携带大量泥沙后冲出山口，可一冲出来，随着地势变缓，河道变宽，它也变得温柔起来，水流速度减慢，它携带的物质也一一放下，逐渐沉积，形成了巨大的冲积扇，而这个巨大的冲积

小水的探险笔记

黄淮海平原位于我国东部，横跨京、津、冀、鲁、豫、皖、苏七个省（市），大体以黄河为轴线，面积约68万平方千米，相当于61个北京市的大小。地形平坦而宽广，与三江平原和东北平原一样，地势由西向东缓缓倾斜，仅部分地区略见小丘，但是海拔更低，西部和南部山麓平原海拔大多在80米左右，中部平原海拔多在35~80米。

扇一直向东延伸至山东西南山地丘陵的西侧，构成了黄淮海平原的主体部分。这些沉积物有良好的透水性和蓄水能力，为地下水的赋存提供了有利条件。

从整体来看，黄淮海平原的地下水分布就像一个有趣的递减游戏，从黄河冲积扇顶部向边缘递减，在冲积扇的顶部区域，地下水位比较高，埋藏比较深；而越往扇缘方向，地下水位越低，埋藏越浅。

小水忍不住想：如此广袤无垠的平原之下，到底能存多少地下水？答案是储水量很大。年均地下水资源量高达 **417** 亿立方米，相当于 **41 700** 个水立方！这里地下岩石比较少，地下水主要分布在孔隙和裂隙中。

黄淮海平原历史悠久，拥有丰富的历史文化遗产和人文景观，是我国古代文化的发源地之一，也是我国重要的农业区和工业区，盛产小麦、玉米等农作物，有丰富的矿产资源和发达的交通运输业。不过，这也意味着这里地下水的开采使用力度非常大。

小水了解到，自 20 世纪 80 年代以来，黄淮海平原地区就大规模开采浅层地下水，储存资源量累计减少 **738** 亿立方米，相当于失去了 **73 800** 个水立方的水！

40 年来，黄淮海平原的地下水位不断下滑。西部浅层地下水位累计下降 **20~60** 米，相当于 **7~20** 层楼的高度。除了开采力度大，这里的地下水也受到了严重污染，尤其是硝酸盐污染最为严重。

小水沿着黄河从东往西一路走来，心情也越来越沉重，它发现黄淮海平原可利用的地下水已经少之又少，这真让人担心，大家一定要珍惜水资源。

农田

水质监测

地下水漏斗

生态规划

华北平原一角

地下水

生活在黄淮海平原附近的朋友，你能在图中找到你家在哪片区域吗？

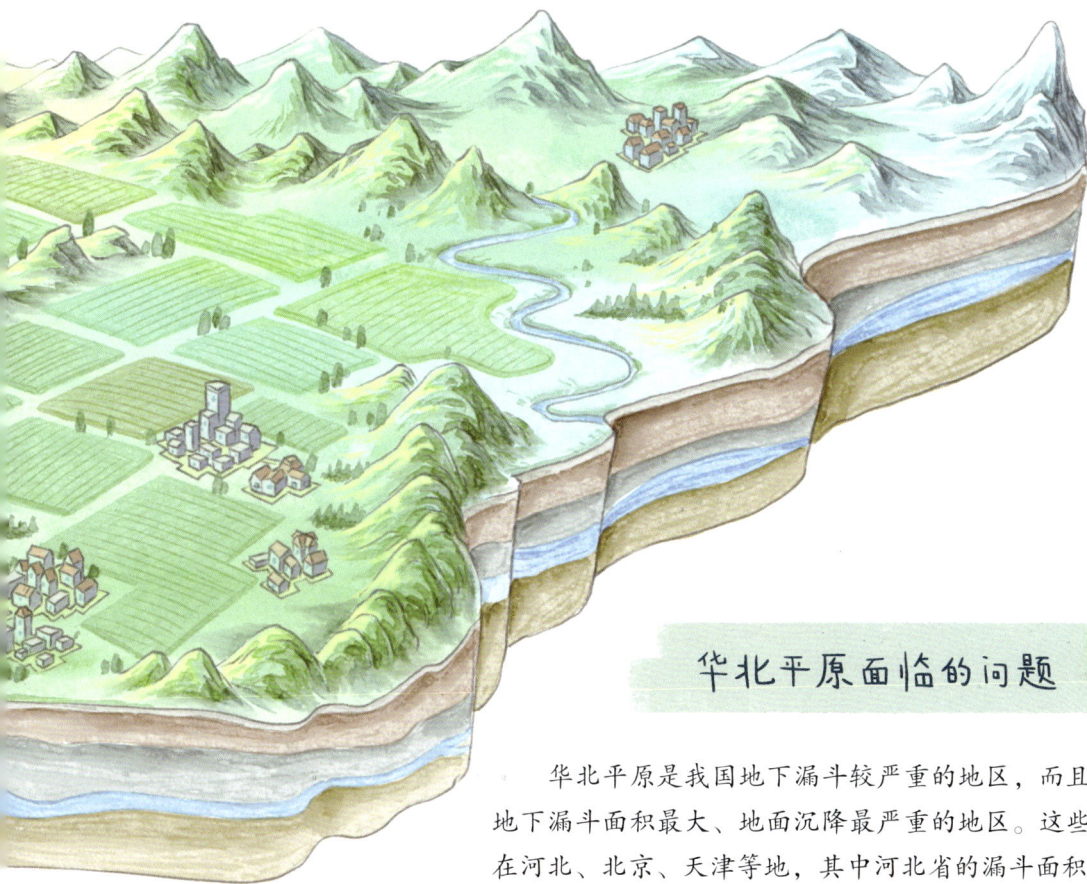

华北平原面临的问题

华北平原是我国地下漏斗较严重的地区，而且可能是世界上地下漏斗面积最大、地面沉降最严重的地区。这些漏斗主要分布在河北、北京、天津等地，其中河北省的漏斗面积最大。

地下漏斗给当地的生态环境和工农业生产带来了严重影响。地下水位下降造成地表植被枯萎、土壤盐碱化等问题，破坏了生态平衡；农业生产受到影响，灌溉水源减少，农作物产量下降；工业生产和居民生活也受到了不同程度的影响，比如工厂停工、居民饮水困难。

为了解决地下漏斗区的问题，我国采取了一系列措施，比如严格控制地下水的开采量、推广节水技术和措施、加强水资源的节约和保护。同时也在积极寻求新的水资源，南水北调等工程缓解了水资源短缺的问题。但历史欠账太多，治理难度较大，华北平原的地下漏斗问题依然十分严峻。

世界罕见的"几"字形地下结构

小水听闻在我国西北有一个世界都非常罕见的"几"字形奇异地下构造，很想去看看。于是，它哼着欢快的歌谣便沿着黄河一路逆流而上，来到了一个"马蹄形"的大弯曲处，一道优雅的河湾挽住了它的脚步。当它踮起脚尖向西张望——那蜿蜒千里的河西走廊，正在向好奇的它诉说荒漠里的奇迹。这个大拐弯的"几"字形结构所在之处正是河套平原。

小水观察发现，原本黄河带来的大量泥沙在这里就开始沉积，沉积物厚度可达数百米。

地下水很喜欢在有空隙的地方聚集，这是它们的天然储水空间。

而黄河的季节性洪水在河床以下形成多层砂砾石层，这些石层具有良好的渗透性和蓄水能力，能够让部分河水向下渗透并转化成地下水，这是构成河套平原庞大地下水体系的主要来源。小水估算了一下，河套平原地下水总储量高达数百亿立方米，有数万个水立方，是个地道的"隐形富豪"。

河套平原的地下水主要以潜水形式存在，也就是说，水源大部分时候都藏在地表下面，我们平常看不见，但能通过井泉等方式开发利用。由于河套平原的地势从西南到东北慢慢变低，地下水的分布也呈现出相应的梯度变化。西南部地下水埋藏比较浅，一般深度在 **10~30** 米，而东北部则逐渐加深到 **30~50** 米。

地下水以"径流补给"的方式悄悄加入黄河的水循环中。比如，磴（dèng）口县附近的地下水就像黄河底下的一个隐形水源，不断帮黄河"补水"。

河套平原受季风气候影响，年均降水量并不丰沛，但它有自己独特的生存方式。这里的地表土壤疏松、透水性强，能像海绵一样很好地吸收雨水来补充地下水。冬季寒冷期地表冻结时能对地下水起到一定的保护作用，减缓了蒸发损失，保持了地下水的稳定供给。

农业灌溉

另外，在这里要特别注意，过度抽取地下水用于农业灌溉和城市供水也会导致部分地区地下水位下降明显。比如近几十年来，乌拉特前旗等地的地下水位累计降幅已达数十米，这给河套平原地下水开发利用与环境保护带来了挑战。

这里特殊的地理位置在荒漠草原和荒漠地带孕育出了河套平原，才有了地势平坦、土壤肥沃、灌溉系统发达、水草丰美、牛羊成群的场景。

抽取地下水

小水非常感慨："别让绿野变荒漠，节水从我做起！"

牛羊成群

历史上的河套

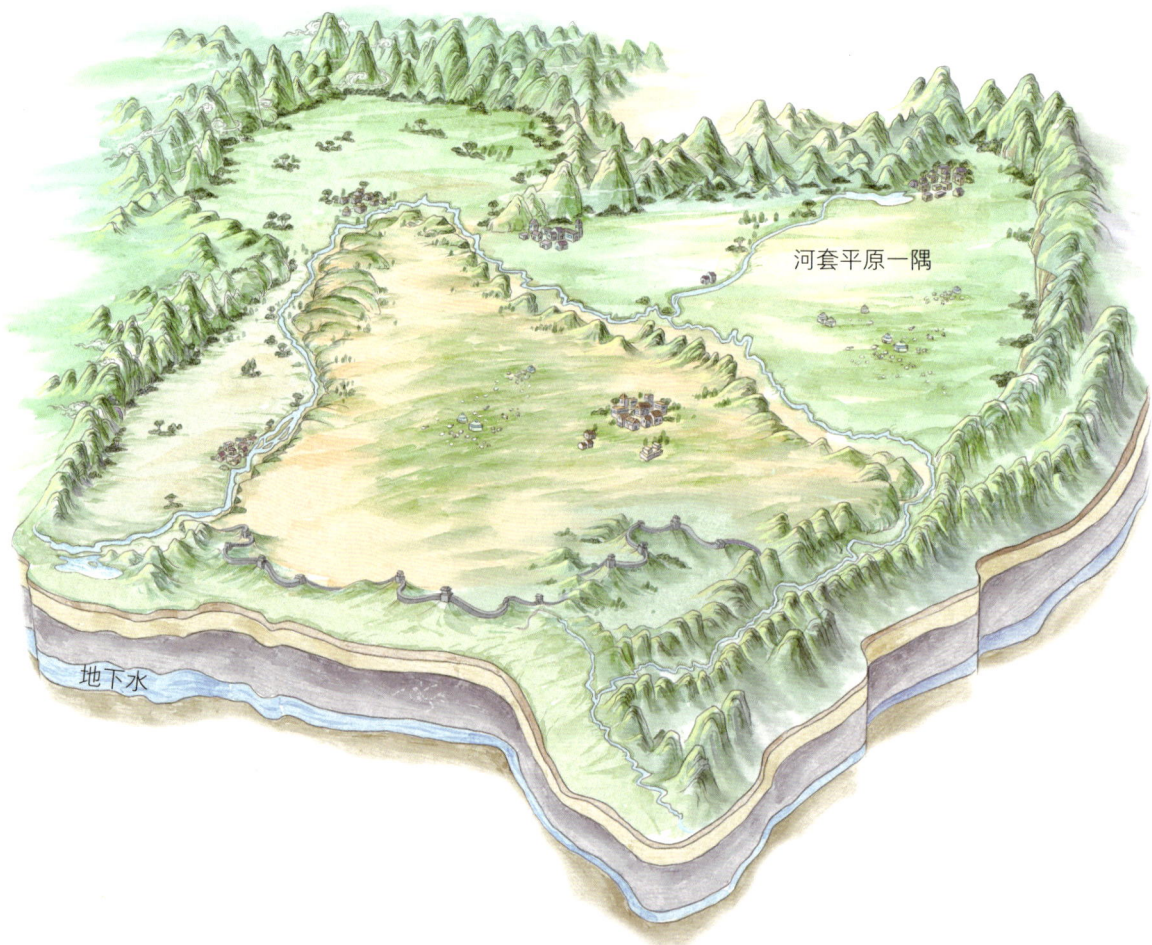

据科学家考察，河套地区历史上曾经存在过一个大型湖泊，名为河套古湖，这个湖泊的沉积物在湖盆中心形成了平坦的河套平原。在河套盆地北侧的台地，科学家发现了大量的大型动物化石，比如诺氏象、披毛犀、马鹿、大角鹿、普氏野马、老虎和鬣狗等。这些化石表明，河套古湖周边曾经是这些大型动物的栖息地。

河套平原一隅

地下水

河西走廊地下有"隐形宝藏"？

小水沿着黄河逆流而上，忽然被一个金光闪闪的弯道吸引住了。

它踮起脚向西张望，发现一处神秘的地形，犹如一条丝带缠绕在中国西北大地上。

小水四处查看，发现它东起雄伟的乌鞘岭，一路向西，一直延续到古老神秘的玉门关，再一打听，原来这里是河西走廊。据说这里有着独特的地理构造和丰富的地下水资源。

河西走廊深居我国西北内陆地区，远离海洋，属于温带、暖温带大陆性气候，干燥少雨、昼夜温差大、光照充足、蒸发量大，这些气候特征都会导致水资源匮乏，小水不禁疑惑起来，心里犯起了嘀咕：这里条件这么"苛刻"，那怎么会聚集着地下"隐形宝藏"——丰富的水资源呢？

其实，河西走廊是大自然"偏心呵护"的孩子，它的南北都有高山高原守护着，中间是一条平坦的冲积平原，东西长约 1 000 千米。

河西走廊一角

河流

湖泊

地下水

北面是北山和阿拉善高地，因长期受风蚀作用，形成了星罗棋布的低山和山丘，南面是祁连山和阿尔金山地的高山和谷底。从南北高山地带冲刷而下的砂砾遍及整个河西走廊。这两侧的高山给河西走廊带来了丰厚的第四系沉积物，为这里的地下水存储提供了良好的条件。

就拿南边的祁连山脉来说，它不但是走廊南部的屏障和坚定守护者，同时还把山脉上的冰川融水和降水通过渗透、径流等方式汇集成地下水，形成丰富稳定的地下水资源，源源不断地输送给河西走廊。虽然河西走廊年均降水量不到 **200** 毫米，但它却有着多孔并且透水性强的土壤，非常利于渗透和汇集，它非常善于利用高山冰雪融水的补给，所以，整个河西走廊的地下水资源总量高达数百亿立方米，相当于数万个水立方。

农业用水

河西走廊的地下水主要是承压水和潜水两种形式。承压水分布在低洼地带和山前倾斜平原，具有较高的压力，能自动流出地面形成泉水。潜水则广泛分布于整个冲积平原区，埋藏深度一般在 **50** 米以内，水位相对稳定，是当地农业灌溉和城市用水的重要水源。

河西走廊地处干旱半干旱气候区，地表水资源稀少且蒸发强烈，地下水在这里是维持生态平衡和社会经济发展的重要水源。

河西走廊的地下水来之不易，有水即为良田，无水则变为荒漠，小水呼吁人类在开发利用地下水的同时千万要做好保护和管理。

著名的丝绸之路

河西走廊这一独特的地理位置诞生了一条著名的丝绸之路，它是连接东西方的神奇通道，起点在古代的长安，也就是现在的西安，一直延伸到遥远的罗马，十分繁荣。河西走廊就像丝绸之路的一座桥梁，连接了中原和西域。来自四面八方的商队、使者和冒险家络绎不绝，带来了各种商品、文化和技术。

丝绸之路的繁荣使得河西走廊成为经济中心。中原的丝绸、茶叶和瓷器通过这里传到了中亚、西亚乃至欧洲，成为世界的珍宝。同时，外来的珠宝、香料和知识也沿着这条路线来到了中原，丰富了我们的文化和传统。

2014 年，丝绸之路的东段"丝绸之路：长安——天山廊道的路网"成功申报为世界文化遗产。

为什么说江汉平原是水乡泽国？

北方的降雨量小，地下水储量很丰富，南方降雨量大，为什么地下水储量会小呢？小水带着疑问来到了南方的"水乡泽国"——江汉平原。

江汉平原是我国海拔较低的平原之一，水网密布，湖泊众多，河流纵横交错，<mark>沙洲和河滩</mark>是这里常见的地貌。刚一进入这里，小水就发现了大大的不同，这里的大地像块浸满水的海绵蛋糕，数不清的河流像银丝般缠绕，湖泊们眨着亮晶晶的眼睛，连空气都飘着湿润润的水汽。

其实，说南方地下水储量少，并不完全正确。

处于两江交汇地带，长期受到河流冲积作用的影响，江汉平原也形成了深厚的第四纪松散沉积层。

地下含水层厚度可达数十米至上百米，地下水储量也很丰富。同时，长江和汉江两大水系带来的季节性洪水给地下水带来大量补给，江汉平原的地下水因此可以持续更新。

小水钻入地下，发现江汉平原的地下水中潜水广泛分布在整个平原区，埋藏深度一般在 5.0~20.0 米，易于开采利用。而微承压水则常见于山前倾斜平原或洼地，

小水的探险笔记

江汉平原由长江和汉江冲积而成，与洞庭湖平原相连，面积 4.6 万余平方千米，相当于 3.2 个北京市的大小。这里地势低平，海拔在 35 米以下，地形大体由西北向东南微倾斜，除了边缘分布的海拔约 50 米的平缓岗地和百余米的低丘外，其他地方就像被熨斗熨过一样平整。但是从整体来看，江汉平原远不及北方几个大平原的面积大，这个先天劣势就决定了地下的储存空间不及北方。

常有泉水山露。

总之，江汉平原有着丰富的地下水资源，可以通过自然循环不断补充湖泊、河流以及湿地生态系统。

同时，江汉平原属于亚热带季风气候区，年均降水量非常充沛，周边又汇集了好几条大江大河水，长江流域、汉江流域、湘江流域都容易出现强降雨天气，这些河流上游的降雨汇集在这里，再加上这里地势低洼，使得这里变成"泽国"。也因此，这里的地表水资源足够人们使用，几乎无须开采地下水，地下水的开采量远不及北方平原区。

小水这才明白，江汉平原虽然地下水资源很丰富，但地表水资源更丰富。

简单来说，江汉平原地势低平，降雨量充沛，水资源丰富，但它就像一把双刃剑，既方便取用，又容易变成洪涝灾害。所以江汉平原地区加强地面安全防护，减少洪涝灾害更加重要。

农田

河流湖泊入渗

生态优美

江汉平原一角

河流

湖泊

地下水

生活在江汉平原附近的朋友，你能在图中找到你家在哪片区域吗？

历史上的"云梦泽"

现在的江汉平原所在地在古代就是一个巨大的湖泊，或者说湖泊群，叫作云梦泽。

据《左传》《国语》等史书记载，先秦时期的云梦泽十分广阔，总面积可能有 **6 000** 平方千米，相当于 **122** 个西湖。随着时间的推移，云梦泽的范围逐渐缩小。

据《水经注》记载，魏晋南北朝时期，云梦泽的范围已经缩小了一半左右，到了唐宋时期，云梦泽面积继续缩小，逐渐解体为星罗棋布的小湖群。

现在，云梦泽基本已经消失，虽然还有一些地方被称为"云梦泽"，但它们与古代的云梦泽相比，已经大不相同。

7

地下水在
盆地中
会迷路吗?

盆地就像一个天然的大碗,
虽然会历经磨难,但地下水总能
找到它的中心地带。

神奇的"大碗"

小水转眼间便来到了我国面积最大的内陆盆地——塔里木盆地，它就像一个巨大的碗，足足有 **40** 多万平方千米，而且它的中心被我国第一大沙漠——塔克拉玛干沙漠占据，带给我们的第一印象是干燥和荒芜，但实际上真的是这样吗？

塔里木盆地安静地躺在新疆的南部，盆地内像是被干旱这个恶魔紧紧地抓在手里，年降水量少得可怜，可是，塔里木盆地周围却环绕着高大威猛的天山、昆仑山和阿尔金山。而这些山可都是慷慨的大哥哥，他们的降水量很高，虽然降水形式主要是下雪，每当夏季升温时，这些山区的冰雪就会消融，融水会形成溪流向盆地源源不断地输送水分。就像一个"大碗"，水总会流向碗底。

仅天山南坡的冰雪融水流入盆地，再经过渗透和汇集到达含水层后，每年便可向盆地提供约几十亿立方米的地下水补给量哦！相当于几百个水立方的水量，这在沙漠地区是十分庞大的数字。

塔里木盆地中心虽然是辽阔的沙漠，但沙漠的边缘和沙漠间的冲积平原时常有绿洲分布。

盆地内部非中心地带的地下水主要是潜水和承压水，与北方平原相似。而在盆地

冻土下的非冻土含水层

边缘的山区,地下水水位较高,以潜水为主,当潜水水位超过地面时,地下水就会通过泉水等形式涌出地面。而在盆地中心地带,由于深层埋藏和环境封闭的影响,地下水则以高压状态存在于地层深处,形成了典型的承压水系统。

小水惊奇地发现,塔里木盆地存在一种其他地方很少见的含水层:每当春天来临,冻土中的水融化形成了含水层,到冬季时,这个含水层上方的土壤会被冻结形成一个冻土层,新形成的冻土层会阻止水分向上运移或蒸发,这时,下方的含水层就不会冻结,仍然可以利用。这就是独特的季节性冻土层下的非冻土含水层,这种含水层通常存在

塔里木盆地一隅

塔克拉玛干沙漠

地下水

113

于地下水水位较高的地区。

虽然名字很绕口，但却是塔里木盆地的一种特色水资源宝藏，在其他地方很少见到。这种含水层的水质比较好，可以作为供水水源或灌溉用水，很宝贵哦～但小水发现，开采这种水资源要十分小心，不能破坏冻土层，否则就会影响冻土层脆弱的生态系统。

深层承压含水层

塔里木盆地这个神奇的"大碗"还存在着一种深层承压含水层。在塔里木盆地坳陷带的地下数百米至数千米深的地方，埋藏着拥有较高压力的含水层。这种深层承压含水层储量大、水质好，可以满足大规模的工业用水和农业用水，但是需要较高的开采技术，同时也要避免过度开采和浪费。

小水没有想到，表面被沙漠覆盖的塔里木盆地，地下竟然有这么多水资源宝藏，果真是一个神奇的"大碗"！

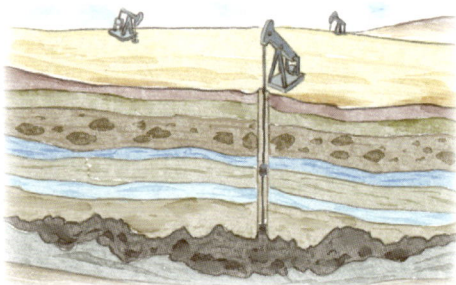

小水能见到 7 000 万年前的小伙伴吗？

在远古时代，塔里木盆地曾经是一片汪洋大海。距今约 7 000 万年，沧海开始进进退退，到 2 000 万年前逐渐干涸，大量的海水在炎热的天气条件下蒸发，而一部分深入地下的水则被保留下来，形成今天塔里木盆地宝贵的地下水资源。小水眼睛一转：如果钻入地下最深处，是不是就能见到 7 000 万年前的小伙伴了。但是小水并不知道，这个旅程将会更加艰难。

准噶尔地下"大宝库"

小水一边感叹着塔里木盆地的神奇，一边继续向北走，不知不觉就走到了我国第二大盆地——准噶尔盆地。这片面积约为 **38** 万平方千米的土地因丰富的矿产资源而闻名，同时它的地底还蕴藏着一个鲜为人知的"地下水大宝库"。

准噶尔盆地一角

古尔班通古特沙漠

更神奇的是，它的中心也躺着一个大沙漠，我国第二大沙漠——<mark>古尔班通古特沙漠</mark>。

从空中看，准噶尔盆地南宽北窄，大致呈三角形。它不像塔里木盆地那样完全封闭，围绕着它的山脉在西部有几个"开口"，顺着这些"开口"，来自西方的湿润气流顺着山麓抬升，给准噶尔盆地带来了降水。盆地的周围山区降水丰沛，形成的地表径流也能给地下水带来更多补给，因而盆地边缘地带水资源也比较丰富。

这些水分为准噶尔盆地的植被提供了良好的生长环境。因此，盆地内部的古尔班通古特沙漠沙丘的稳定性更高，有 **97%** 为固定、半固定沙丘。

准噶尔盆地的地壳经历了多期次的构造沉降与沉积作用，形成了超级厚的沉积岩层，这些沉积岩以<mark>砂岩、砾岩、泥岩</mark>为主，其中含有大量孔隙和裂隙空间。提到孔隙和裂隙空间，小水可听说过很多次了，这可是地下水储存的"利器"。据科学家们探测，准噶尔盆地地下水的储量达 **6** 万亿立方米，相当于 **6 000 000** 个水立方！含水量相当丰富。

小水的探险笔记

准噶尔盆地周围山区的大气降水和冰雪融水渗入地下形成地下裂隙水,出山前转化为地表河流,少部分侧向补给山前倾斜平原,大部分在山前平原的巨厚第四系松散沉积物中汇聚为宝贵的地下水资源。总体上,水系由周围的山区向盆地中心汇流,沿途发育成绿洲和牧场,被人类利用。

小水这才反应过来,虽然准噶尔盆地面积相对较小,但因为它有着独特的地形和天然的地理优势,地下水资源更加丰富,是一个名副其实的地下大宝库。

盆地里也有海洋生物?

准噶尔盆地和塔里木盆地一样,在 **5 亿 ~6 亿**年前也是一片大海,阿尔泰山、天山、昆仑山都在海底沉睡,但是随着地壳的运动和变化,逐渐演化成了现在的沙漠地貌。

科学家在准噶尔盆地的地层中发现了含煤、石油,以及硅化木、恐龙、鱼贝类等古生物化石,证明在远古时期这里曾经有过大片的森林,也曾经生活过海洋生物。所以,在准噶尔盆地里也曾有过海洋生物。

四川盆地的热泉

听说四川盆地地下藏着数不清的天然热水，想到那里的小伙伴都比自己温度高，小水迫不及待地想去看一看。

这次小水先来到空中，俯瞰这片神奇的土地。四川盆地就像一块大大的菱形绿宝石，东西两边稍长，被周围一圈高低不同的山脉温柔地环绕着，宛如被大自然捧在手心的宝贝。盆地西侧是雄伟又神秘的青藏高原和横断山地，北侧是威武壮观的秦岭山地，东边挨着灵动的湘鄂西山地，南连云贵高原，这四个方向的山脉共同围着这块相对封闭的地形。这一圈山脉不仅是一群忠诚的卫士，守护着盆地，还为降水提供了绝

四川盆地一角

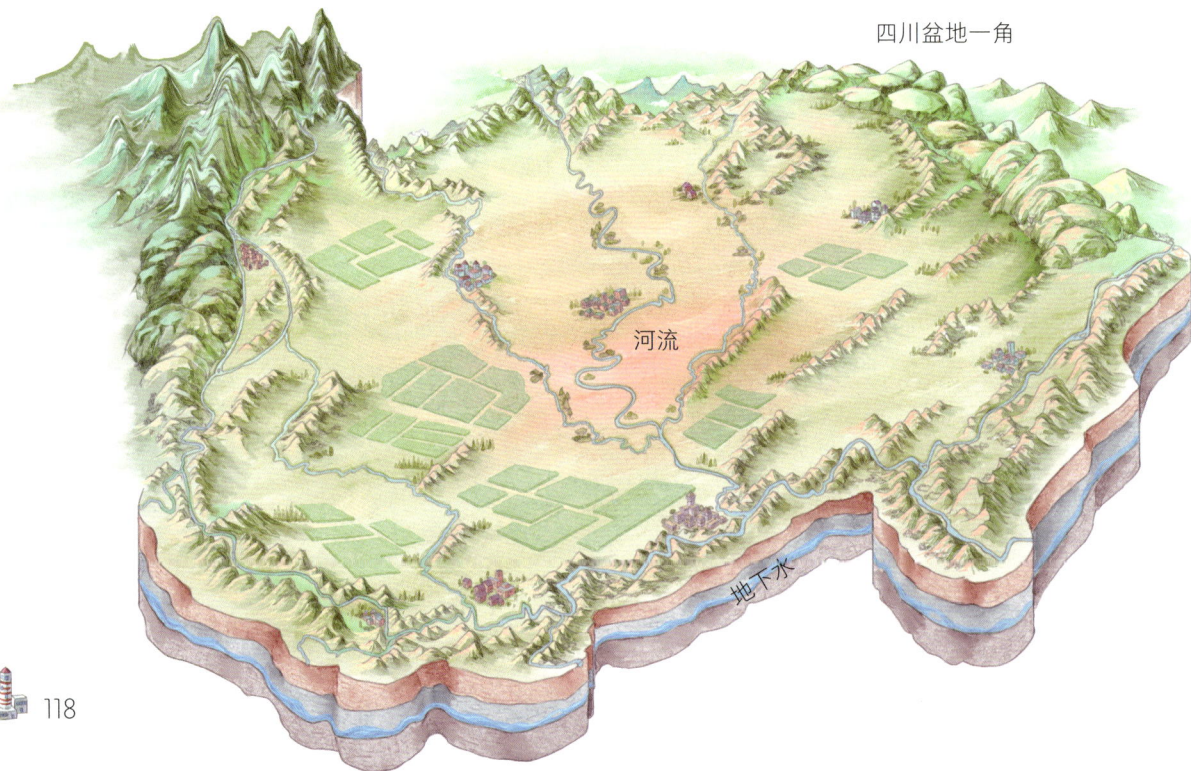

河流

地下水

佳的集水条件: 大量雨水在山坡上形成径流, 部分通过渗透作用进入地下成为地下水, 而高山地区的冰雪融水也会对地下水形成补给。

四川盆地边缘陡峭的山坡上发源出许多河流, 在深深的 V 形谷中穿行, 最终来到低海拔的盆地底部。

如果从足够高的天空向下看, 四川盆地的水流从边缘向中心汇聚, 直到长江干流形成一个向心状水系。这为四川盆地蕴藏丰富的地下水资源提供了有利条件。

山谷中河流

小水的探险笔记

四川盆地总体以砂石层含水层为主, 厚度也比较大, 地形起伏大, 气候温润, 地下水循环比较快, 所以在丰水季节, 地下水位上升明显, 在枯水季节, 水位下降也比较大。与其他地区类似, 这里地下水也会受地表水的影响, 地下水与河流、湖泊等水体相互补给。

湖泊入渗

不过与塔里木盆地和准噶尔盆地有所不同, 四川盆地的边缘山脉区域以喀斯特岩溶水为主, 喀斯特地貌特征显著, 有很多地下溶洞。这些溶洞是由地下水花了漫长的时间一点点把石灰岩"吃掉"形成的, 走进溶洞, 里面就是一个奇幻的艺术殿堂, 石笋像一个个小巨人, 石幔像丝绸坠地, 石花绽放, 形态各异, 美不胜收。

喀斯特岩溶水

小水在这些神奇的溶洞中游览时才发现, 很多溶洞都与地下河连接在一起, 构成了庞大的地下河湖世界, 这些地下河不但流量大, 而且水流速度快, 时不时就能看到急流、瀑布等景观, 那壮观的景象让小水惊叹不已。

随着地下河流继续向前探险, 小水终于看到了心心念念的温泉。这些温泉是由地下热水形成的，温度果然比自己高多了，有的甚至 **40℃**以上，不过，小水感觉自己的体温也在逐渐升高，身体仿佛要往上飞。

小水暖洋洋地泡在热泉小伙伴们中间，听他们讲四川盆地的神奇：这里丰富的地下水支撑着盆地内各类经济作物的繁茂生长，红色土壤覆盖了大片区域，故有"红层盆地"之称，最冷月份气温能保持在 **5~8℃**。是中国最大的水稻、油菜籽产区，同时也是小麦、玉米等粮食作物的重要产地，并且有利于柑橘之类的水果生长，蜜橘、椪柑、脐橙等最为知名。

小水的热泉之旅结束了，这次它亲眼见到了四川盆地澎湃汹涌的地下暗河和热气腾腾、汩汩冒泡、充满生机的地下水，这里的小伙伴们像一群勤劳的小蜜蜂，为这片盆地酿出了甜甜的硕果。

都江堰

四川盆地周边的高山落差大，河流湍急险恶，在雨季时期，盆地上的成都平原经常遭遇洪水侵害。为了解决这一问题，公元前256—前251年，战国时期的秦昭王末年，蜀郡太守李冰父子组织修建了大型水利工程都江堰。都江堰有三大主体工程——鱼嘴、飞沙堰、宝瓶口。岷江水流至鱼嘴时，被分水堤分为内江和外江，实现自动分流；飞沙堰排除内江的沙石；宝瓶口控制内江水量。它是全世界至今为止，年代最久、唯一留存、以无坝引水为特征的宏大水利工程。

都江堰不仅解决了岷江泛滥成灾的问题，还灌溉了周边 **2 000**平方千米，从此，成都平原成为"沃野千里"的富庶之地，获得"天府之国"的美称。

都江堰

关中盆地特殊在哪儿?

　　小水泡完了温泉，来到我国另一个神奇的盆地，那便是以"八百里秦川"著称的关中盆地。关中盆地宛如一位安静而沉稳的历史守护者，静静地安卧在陕西省的中部。它被函谷关、大散关、武关、萧关这四座雄关紧紧环绕，仿佛被四把坚实的巨锁守护着，也正因此，它拥有了一个响亮而独特的名字——"关中"。《史记》称这里是"金城千里""天府之国""四塞之国"，小水很好奇，是什么让这里有这么多令人羡慕的美誉呢?

关中盆地一角　　　　　河流

地下水

　　从地质的角度来探寻，关中盆地的诞生可是一段奇妙的故事。它是喜马拉雅山脉运动形成的巨型断裂带。喜马拉雅山隆起时拉扯到关中盆地这片区域的地壳板块，形成一个巨大的断裂沟谷，渭河携带着地带沉积物填补了这个断裂带，地面不断抬升，最终形成了关中盆地。

　　小水从天空俯瞰关中盆地，发现它是一个三面环山向东敞开的断陷盆地。盆地周围地势起伏比较大，有利于雨水和冰雪融水在盆地内汇集和渗透。而渭河横穿关中盆地，渭河及其支流带来的泥沙黄土层沉积得非常深厚，达数十米至上百米，这种地质条件既有利于地下水下渗也适合储存。加之这里属于温带半干旱半湿润气候，年均降水量 600~750 毫米，为地下水提供了另一个具有优势的来源。

　　关中盆地还有另一个特殊之处，它的地下层与周围山脉隔绝，南北两侧和西断山区之间可视为隔水边界或弱透水边界，相互之间没有地下水流动交流，可以说关中盆地是一个水文地质结构完整、含水系统与水流系统相对独立、水循环开放的地下水系统。

农田

河流

黄土台塬

其实，除此之外，关中盆地还有独特之处——黄土台塬。黄土台塬和渭河平原同属于关中平原，但黄土台塬部分高出渭河平原 **40~70** 米。这种独特的地形和独立的地下水系统使得关中盆地平原地区水资源富足、土地肥沃、气候适宜，在古代便成为中国重要的粮仓之一。

关中盆地就像一个迷你地质乐园，汇集了基岩山、黄土台塬、山前洪积扇和河谷阶地 **4** 种地貌单元，如此丰富的地貌和地下水系统就像是一本珍贵的百科全书，为科学研究提供了极具参考价值的样本。它就是这样一个集万千奇妙于一身的地质大杂烩，散发着无穷的魅力，让人忍不住想去一探究竟。

华山的形成

关中盆地的地貌和地下水系统相互作用，形成了许多独特的自然景观，比如著名的华山。

在漫长的地质史中，华山所在地区曾发生过强烈的地壳运动，形成了巨大的花岗岩构成的山体，而它周围的山地主要是由片岩组成的，抵抗侵蚀的能力没有花岗岩大。经过千百万年，周围比较松软的片岩被侵蚀掉，留下坚硬的花岗岩高高耸立在山地之上，形成了视觉效果震撼的高峰陡崖绝壁山体景观。

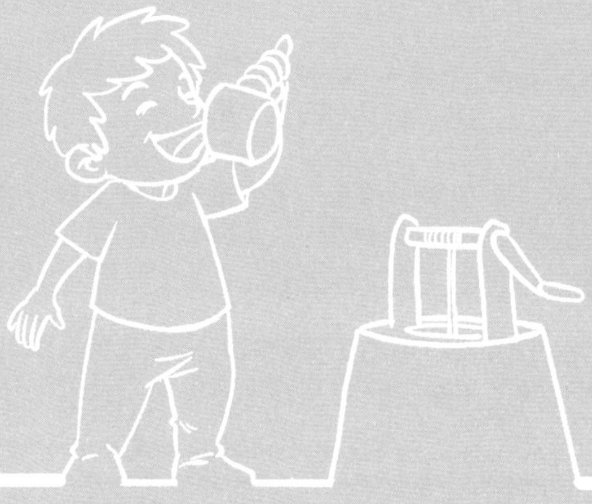

8

地下水能直接喝吗？

看不见的地下水，看得见的水质标准。

怎么判断地下水的水质？

小水追随着小伙伴来到一个房间，这是一个实验室，藏着许多地下水水质的秘密。

在地下旅行了这么久，小水已经认识到地下水家族其实是默默奉献的英雄，它们为我们提供可以喝的饮用水、滋养庄稼的农业用水和生产所需的工业用水，还维系着整个生态系统的平衡。

可是随着现代工业机器的轰鸣、农业的机械化和生活的喧嚣，污染也在滋生，地下水渐渐"生病"了。那么，我们能不能为地下水"体检"，确保它的健康呢？

地下水就像害羞的精灵，躲在岩石和土壤中，除了主要成分水分子（H_2O）外，它身体里还有溶解岩石和土壤的气体和矿物质，这些气体和矿物质就决定了水的硬度和酸碱度。

通常，地下水的水质比地表水好，因为它在岩石和土壤这个"过滤网"中穿行，会经过自然过滤和净化，悬浮颗粒物和杂质含量会比较低。

但是，地下水也可能含有有害物质，比如重金属、硝酸盐等，这些物质的含量一般会受岩石的成分、地下水位的高低，以及地下水流动的路径影响。此外，地下水的水质还可能被地表污染源影响，污水排放、农业施肥和工业废水的排放等，这些污染物通过地表渗入、污水管道渗漏等方式进入含水层，对地下水造成污染。

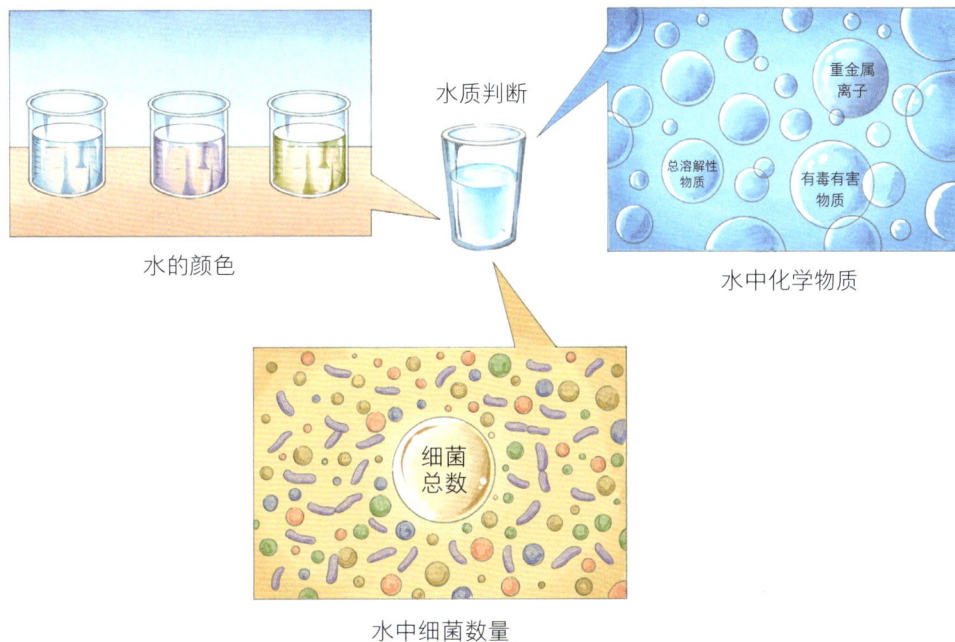

水质判断

水的颜色

水中化学物质

重金属离子

总溶解性物质

有毒有害物质

细菌总数

水中细菌数量

小水的探险笔记

　　每个国家都有自己的水质评价标准，这些标准一般基于世界卫生组织等权威机构发布的相关准则和建议，包括酸碱度（pH）、硬度、溶解氧、硝酸盐含量和其他重金属、有机物的含量。

　　我国发布的《地下水质量标准》（GB/T 14848——2017）就对地下水水质有严格要求，包括感官性状、一般化学指标、微生物指标、毒理学指标、放射性指标 5 种共 39 项。例如，我们规定某个标准的水，需满足 pH 为 **6.5~8.5**，总硬度不应超过 **150 毫克／升**，溶解性总固体不应超过 **300 毫克／升**，硫酸盐不超 **50 毫克／升**，总大肠菌群不超过 **3 个／升**，铅、汞、镉、砷、镍等有害物质不得超过规定数值等。

　　如此复杂的数据标准，小水看得眼花缭乱，听说需要通过各种精密仪器和复杂的方法进行衡量分析，比如原子吸收光谱法、原子荧光法、电感耦合等离子体质谱法，以准确检测这些潜在危险元素的含量。

《地下水质量标准》和《地下水环境监测技术规范》等法规是替我们监管地下水质量的"大管家"，它规定了应定期监测地下水质量。潜水监测频率应不少于每年 **2** 次，丰水期和枯水期各 **1** 次；承压水监测频率可以根据质量变化情况确定，宜每年 **1** 次。

判断和维护地下水水质是一项如此庞大且繁杂的工程，小水感叹着在日常生活中，人类应该尽可能减少或控制污染源的排放，毕竟保护地下水也是保护自己。

如何辨别水质

辨别水的质量有多种方法，以下 **5** 种是比较基本的方法，我们可以在家中尝试。

1 观察水的清澈度：用透明度比较高的玻璃杯接满水，对着光线查看水中是否有悬浮的杂质和沉淀。如果水中有明显的悬浮物或沉淀物，就说明水质比较差。

2 闻水的气味：打开水龙头，接一杯自来水，鼻子靠近闻一闻是否有消毒水或者其他气味。如果有异味，说明水可能受到了污染。

3 尝水的味道：浅尝一口白开水，口感如果涩涩的，说明水的硬度比较高。

4 观察水垢：检查家中常用的烧水壶内壁有没有结一层黄垢，如果有，说明水的硬度比较高，也就是钙、镁盐含量高。

5 检查水的黏性：把水龙头关小，仔细观察流下的水柱，或者用筷子轻触水面，看看是否有拉丝状，洗手时如果水很黏腻，说明水体可能受到了污染。

地下水的好坏分级别吗?

小水听说地下水是分级的,当时心里就咯噔一下,不知道自己属于哪个等级。

据说是因为工业化和城市化的快速发展,水污染问题日益严重,导致人类可用的水资源越来越少。为了更好地管理和利用水资源,我国制定了《地下水质量标准》(GB/T 14848—2017),将地下水细分为 I ~ V 类五个级别。那么,不同级别的水有什么不一样呢?

I 类水水质是最好的,地下水化学组分含量低,适用于各种用途。这类水通常来源于地下深层,经过岩石和土壤的层层过滤,去除了大部分的杂质和有害物质,却保留了丰富的矿物质,是大自然精心呵护的宝贝。比如长白山的矿泉水。

I 类水

II 类水

II 类水化学组分含量较低,通常来自离地表较近的含水层,受到的自然净化作用相对较少,可能会含有一些杂质和污染物。虽然比 I 类水水质差点,但也可以满足一般的工业需求和生活需求,属于"优等生"等级。比如趵突泉水。

Ⅲ类水化学组分含量中等，以饮用水标准值为依据，适用于集中式生活饮用水水源。虽然水质要求比Ⅱ类水略低一些，但经过适当处理后也能用于生活中，算是"中等生"级别。

Ⅲ类水

Ⅳ类水化学组分含量较高，但它也有自己的闪光点，它可以用来灌溉庄稼，用作工业生产，经过适当处理后，也能变成生活用水。这种水还可以做景观用水，比如作为公园内湖和喷泉的水源。

Ⅳ类水

Ⅴ类水化学组分含量高，通常是受到一定污染的地下水，或是工业废水与地下水的混合，不宜作为生活饮用水水源，但可以用来给工厂降温等，也是非常重要的水资源。虽然Ⅴ类水水质并不高，但在合理使用和管理下，也能够满足生产需求，发挥大作用。

小水这才明白过来，不同级别的水有各自的用途和价值，有的擅长灌溉，有的擅长发电，有的适合给生物饮用。而人类要做的就是合理利用这些水资源，保护好每一类水的纯净和安全。

Ⅴ类水

矿泉水和纯净水的区别

矿泉水和纯净水虽然都是饮用水,但它们在成分和制作工艺上完全不同。

矿泉水是从地下深处自然涌出或经过人工开采而来的,含有天然的矿物盐、微量元素和二氧化碳气体。这些成分使矿泉水在化学成分、流量和温度方面相对稳定,它的水质属于较好的一类,适合泡茶、煲汤等需要提取水中矿物质的场合。

纯净水主要通过蒸馏和电渗析等技术处理得到,这些技术除了去除水中的杂质和有害物质,也去除了水中的矿物质和微量元素。经过多重处理,能够保证水的清洁度和安全性,因此,适合日常饮用、做饭等需要清洁水的场合。

我国有哪些与水相关的标准？

小水听说，人类给自己如何用水、如何跟水家族打交道这件事制定了行为规范，就是我们常说的标准。而且不仅地下水，所有的水都有标准。

我国有许多与水质相关的国家标准。

与我们日常生活息息相关的是《生活饮用水卫生标准》（GB 5749—2022），规定了我们日常生活中的饮用水水质卫生要求、生活饮用水水源水质卫生要求、集中式供水单位卫生要求、二次供水卫生要求，涉及生活饮用水卫生安全产品卫生要求、水质监测和水质检验方法等方面的内容，是我们生活饮用水的"安全大检查"。

总之一句话，这个标准就是人类喝的水的基本要求。

其实人类使用最多的是地表水，关于地表水，也有要求。《地表水环境质量标准》（GB 3838—2002）按照地表水环境功能分类和保护目标，规定了哪些物质需要控制，哪些指标不能超标，还详细说明了水质评价和分析方法。

全国江河、湖泊、运河、渠道、水库等只要是能用的地表水域，都在它的管辖范围内。

关于地下水，也有自己的专属标准——《地下水质量标准》，它规定了地下水质量分类、指标和限值，还负责地下水质量调查、监测和评价。它根据我国地下水的实际情况和对人体健康的风险，把地下水水质分成了五类，就像给地下水家族们贴上了

| Ⅰ类 | Ⅱ类 | Ⅲ类 | Ⅳ类 | Ⅴ类 |

化学组分含量　　饮用水　　工业用水　　农业用水

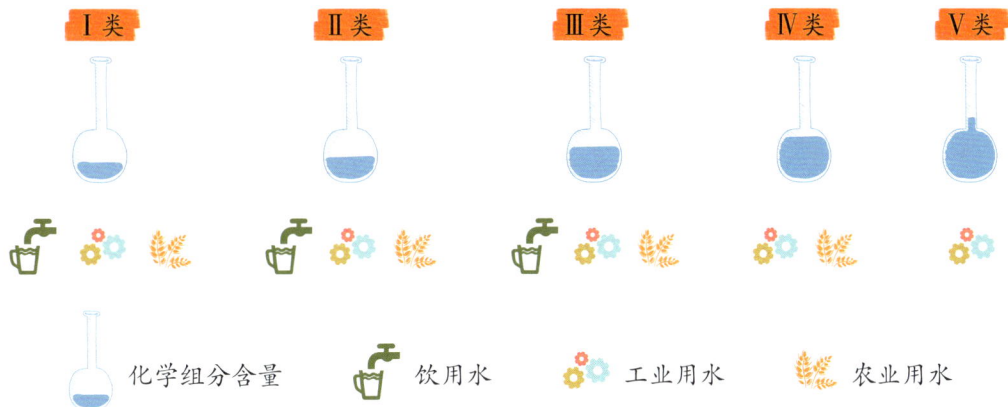

健康标签,方便我们更好地管理和保护它们。

　　除此之外,还有好多专门为特定用途制定的标准,比如,为保障渔业生产安全而制定的《渔业水质标准》(GB 11607—1989);为了保护农田灌溉水源,保障农产品质量安全而制定的《农田灌溉水质标准》(GB 5084—2021)。为了保护海洋环境、维护海洋生态平衡而制定的《海水水质标准》(GB 3097—1997)。不仅如此,几乎每个行业都有自己的水质标准,守护着我国水资源的正常运行。

　　除了以上列举的标准,还有许多其他水质污染相关的国家标准,比如《污水综合排放标准》等。这些标准都是保障人体健康和生态平衡、促进水资源可持续发展的重要措施。

长白山的水

　　长白山位于我国吉林省东南部,拥有优良的森林覆盖率和自然环境,还有特定的气候和地质条件,它们为长白山形成优质的水质提供了基础。长白山的水资源非常丰富,而且地处偏远,工业污染少,水质纯净。长白山的矿泉水水质清澈、纯净,含有多种对人体有益的微量元素。

不能喝的水能"变废为宝"吗?

小水游历了一路,可真是见多识广,在好多地方,发现了一堆"水问题",就是不能喝的水,它们有的像穿着一双臭袜子,有的像刚从泥塘里洗了个澡,小水很想知道,有没有什么办法,让它们改邪归正、变废为宝吗?

提到不能喝的水,小水首先想到的是地下水中的苦咸水,它味道苦涩、含盐量高,矿化程度也高。苦咸水的形成主要有 3 种原因:在内陆,一些地方土质含盐量高,水分蒸发后盐分被留了下来,形成苦咸水,大多出现在盆地或地势低洼的地方,主要分布在我国西北干旱内陆地区;沿海地区过度开采地下水,导致地下水位下降,海水趁机侵入混入,

内陆苦咸水

形成的沿海苦咸水;还有煤矿开采、金属选矿等工业生产过程中形成的高矿化度的工业废水。

长期饮用苦咸水对人体健康危害很大,会导致免疫力低下,增加消化系统疾病、高血压、心血管疾病的风险。如果用苦咸水灌溉庄稼,农作物也得喊"救命",产量会哗哗下降,水域生态系统也会被破坏掉,总之,苦咸水对农业生

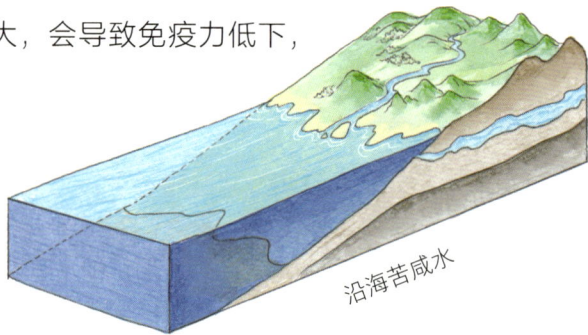

沿海苦咸水

产和生态环境会造成严重的危害。

那这些不能喝的苦咸水还能变废为宝吗？答案是能。苦咸水处理的主要方式是将其淡化，采用反渗透法和电解析法等工艺，去除水中的盐分和矿物质，让苦涩的水变得甘甜可口。反渗透技术是目前应用较广泛的苦咸水处理技术，通过半透膜的原理可以有效去除水中的盐分和杂质。

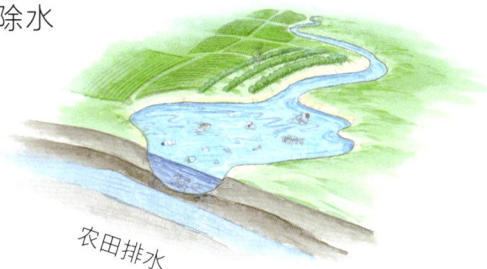

农田排水

根据《生活饮用水卫生标准》（GB 5749—2022），经过净化处理后，水质的外观看起来正常并且一些化学指标达到一定标准的水才能喝，比如色度不超过 15 度且不得呈现其他异色，浑浊度不得超过 3 度，不得有异臭、异味，不得含有肉眼可见的

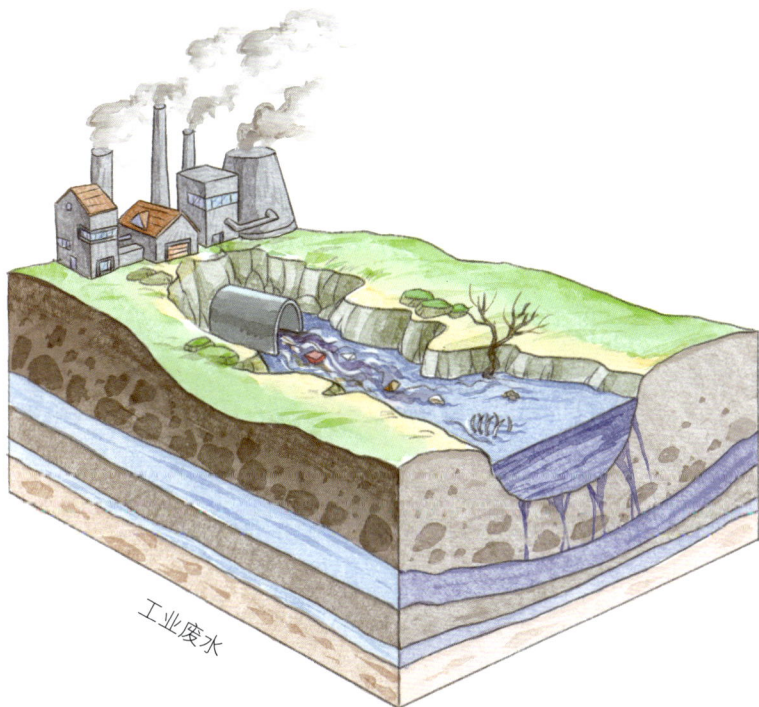

工业废水

小水的探险笔记

除了苦咸水外，生活中还有许多其他不能喝的水，比如含有重金属的工业废水、被农药污染的农田排水。对于这些"问题水"，需要根据具体情况采取不同的处理方法，比如用化学沉淀、活性炭吸附、生物降解等方法，将有毒有害的污染物转化为无害物质，净化水质后才能被利用。

杂质等 **39** 项指标。

　　小水惊叹，原来没有一滴水是可以被浪费的。面对形形色色不可饮用的水，只要掌握了正确的处理方法和技术，就能化腐朽为神奇，让这些"问题水"变废为宝。但小朋友们自己不要尝试这些方法哦，需要有经验的实验室来处理。

苦咸水淡化工程

　　内陆苦咸水主要存在于我国北方和西北偏远村镇缺水的地区，地下水苦咸水也是附近唯一可用的水源，长期饮用苦咸水对身体的危害很大。为了改变内陆干旱地区饮用苦咸水的现状，我国从 20 世纪 80 年代就开始了苦咸水改造利用工程。

　　1987 年，在山东投产的某电渗析地下苦咸水淡化试验站，目前每天产水 **20.0** 立方米，大约能装满 **100** 个小学生课桌那么大的小水箱，生产 **1** 吨淡水成本约为 **2** 元。河北省在 2001 年建成 **72** 座淡化站，结束了 **8.5** 万农民饮用苦咸水的历史。2010 年甘肃省投资 **1.8** 亿元，在某县建设的苦咸水淡化示范工程，有效解决了该县境内 **11** 个乡镇、**16.5** 万人的饮水安全问题。

　　这些设施为苦咸水的利用增砖添瓦，随着技术的进步，相信越来越多的苦咸水会被拯救。

劣质地下水有哪些隐形危害？

　　劣质地下水到底有多"坏"？它们可是隐藏在地下的隐形怪兽，悄悄地给我们的生活捣乱呢！

　　虽然很多种类的水都可以变废为宝，但劣质地下水可不是闹着玩的，它们可能含有超标的重金属和有毒物质，这些"有毒"的地下水不仅会破坏自然界的生态平衡，还会对人类健康产生危害，而且，这些劣质地下水中有一部分是人类自己造成的，通常是一些工厂在生产过程中产生的废水未经处理就直接排放到地下，结果周边地区的地下水变成了"毒水"。

　　高砷水就是这种"人造怪兽"的典型代表。世界卫生组织（WTO）规定，饮用水中砷的含量不得超过 0.01 毫克/升。1972 年，日本宫崎县调查委员会在距离矿山 400 米的居民家中检测出高达 8 000 毫克/升的砷化物，这就是世界著名的土吕久矿山砷污染事件。因为水源被污染，土吕久矿山附近动物难以存活，植物成片枯死，居民慢性中毒，引发了神经炎、皮肤病和肺癌等多种疾病。

高砷水危害健康

　　这种工业污染制造出的劣质地下水中往往铅、汞等重金属含量严重超

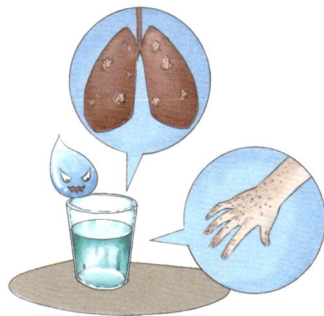

小水的探险笔记

　　除了高砷水，劣质地下水还有其他多种类型，比如高氟水、含有过量农药残留的地下水。如果过度使用农药，地下水中农药含量会严重超标，长期饮用这种水会导致农药中毒事件频发，出现头痛、恶心、呕吐等症状。

标，饮用这种水导致<mark>人体神经损伤</mark>、<mark>影响智力</mark>，或者<mark>损伤内脏</mark>。

　　劣质地下水如果含有残留农药或工业化学废物，饮用后可能悄悄破坏免疫力，严重的甚至诱发癌症。还有含有"细菌病毒"的劣质地下水，喝了会引发拉肚子、发烧等。

　　总之，面对劣质地下水，我们不能掉以轻心，除了国家加强对地下水质量的监测和管理，确保饮用水安全外，我们个人也要提高警惕，成为自己健康的守护者。

这水不能喝……

被污染的水

地下水

农药

农药废水污染地下水

工业废水

Pb
铅

Hg
汞

砷

地下水中化学物质含量超标

什么是再生水?

再生水是不能使用的废水或污水经技术处理后达到一定的水质指标，能满足某种要求并且可以再次使用的水，又称中水、循环水、重复利用水、再造水、回收水。

废水或污水处理与再利用工程主要是对工业废水污水和生活污水的处理。再生水可用于城市景观、农业灌溉、消防用水，补给地下水含水层，满足居住小区、商业和工业用水需要，水质达标的甚至还能作为饮用水。再生水利用已经成为城市开源节流、减轻水体污染、改善生态环境、缓解水资源供需矛盾和促进城市经济社会可持续发展的有效途径。

9

地下水也怕脏——它们会被污染吗?

地下水里的"不速之客"都是从地表悄悄溜进去的,它们可不会乖乖地待在原地,总是变着花样玩捉迷藏呢!

什么物质会污染地下水？

工业排水

生活污水

医疗废水

工业污水

小水发现地下水家族总是低调地在地下岩石和土壤的缝隙里流淌，躲在地下，人们看不见它们，所以经常会忘记保护它们。于是，家族们很容易受到各种污染物的伤害。

化学污染物

化学污染物总是悄悄地潜入地下水的家园，它们很多时候都是无色无味的，像无法被看见的"幽灵"，但却是破坏地下水的"高手"。化学污染物种类繁多，比如汞、镉、铬、铅、砷等重金属，过量的氮、磷，以及氧化物和硫化物等。它们有的像细针一样快速渗入土壤的缝隙里，有的像烟雾一样随风飘散到地下水中。它们可能来自工厂的废水排放、农田的化肥污水、城市的污水管道等。

一旦进入地下，这些污染物就开始搞破坏。它们会和地下水中的其他物质发生化学反应, 产生有毒物质。更糟糕的是, 这些化学污染物会在地下水中积累, 就像一个不断扩容的"毒素仓库"。随着时间的推移, 这些毒素会越来越多, 对地下水的危害也越来越大, 让原本清澈的地下水变得面目全非。

生物污染物

生物污染物主要包括细菌, 病毒和寄生虫, 可能来自污水排放、垃圾填埋和动物粪便等。它们没有化学污染物那么"臭名昭著", 但却有更加隐秘的危害, 就像一群无声无息地潜入地下水世界的破坏者。这些污染物会吞噬地下水中的微生物, 破坏生态平衡, 还会在地下水中释放毒素。更可怕的是, 它们的危害是长期的, 即使数量减少了, 但留下的毒素依然会像慢性毒药那样, 对地下水造成长期污染。

放射性污染物

放射性污染物对地下水的污染, 就像是一场没有硝烟却危机四伏的"暗战"。这些看不见的"邪恶敌人"悄然潜入地下, 让原本生机勃勃、健康纯净的地下水变得危险。

想象一下, 那些被放射性物质污染的地下水, 就像一把把无形的利刃, 穿透土壤和岩石, 逐渐渗透到地下水中。一旦人们饮用了被污染的地下水, 就如同打开了潘多拉的盒子, 可能遭受辐射的侵害, 引发各种疾病, 甚至危及生命。

放射性污染物的来源有很多, 比如核电站、核武器试验、医疗放射性废弃物等。这些污染物一旦进入地下水, 就会不断扩散, 很难彻底清除。

除了以上 **3** 类常规污染物外，地下水还面临一些随着时代发展而不断出现的新污染物的威胁，包括持久性有机污染物、内分泌干扰物、抗生素和微塑料❶。这些污染物可能通过污水排放、地表径流、土壤渗透等方式进入地下水，给地下水带来危害。这些新污染物结构较为复杂，而我们现有的检测手段又十分有限，就像拿着一把简单的钥匙，却想打开复杂的锁一样，所以，它们对地下水的影响机制和影响程度对我们来说仍是巨大的挑战。

我们真的太需要加强对这些新污染物的环境监测和管理了，降低这些污染物对地下水的污染风险，才能让我们的地下水重新恢复往日的清澈和纯净。

化学物质污染地下水的典型案例

1993 年，在美国加利福尼亚州，一家能源公司用大型天然气压缩机进行天然气压缩，压缩过程中需要水来冷却，这些水中添加了六价铬来防止机器生锈。由于管理不当，存储在池塘中的水泄漏到了地下水中，污染了当地居民的饮用水，导致当地居民癌症高发。这一事件引起了广泛的关注，最终该公司被要求支付数十亿美元的赔偿。虽然有高额罚款，但当地的居民因此饱受痛苦，也失去了多少钱都换不来的健康。

---

❶ 微塑料是直径小于 **5** 毫米的塑料碎片，具有生物毒性、环境持久性、生物积累性等特征。

哪里的地下水容易被污染?

小水这个小探险家, 潜行在地下迷宫中, 曾经发现了一些污染陷阱, 他都小心地避开了。

地下水家族就像地球看不见的"血液", 为人类和生物提供着生命之源。

然而, 这些"血液"非常脆弱, 很容易受到伤害。

比如潜水层分布较广, 开采方便, 是重要的供水水源, 但它通常埋藏比较浅, 一般与地表直接相连, 最容易受到污染。农业排水、工业废水、生活污水等的排放都可能会污染它。

承压水层, 不同于潜水层, 它隐藏在地下深处, 有着自己的压力系统。这个压力彷佛是有一个强大的力量, 推动着水在地下流动, 形成了一个独特的生态系统。

由于承压水层是位于地下较深处的含水层, 因此不易受到地表污染物的影响。但是, 如果承压水层与地表存在连接通道, 或者被地下工程侵扰, 也可能受到污染。这就像一口深井里的水, 离外界污染物本来很远, 但是如果井口没有盖好, 外面的脏东西就可能会掉进去, 污染井里的水。

还有地下水补给区, 犹如一块吸水的海绵, 当雨水或其他地表水落在海绵上时, 水会通过海绵的孔洞渗入其中, 再通过土壤和岩石的缝隙渗入地下, 成为地下水。这

小水的探险笔记

容易被污染的地下区域：
- 地表附近
- 垃圾填埋场
- 农业区
- 加油站
- 工业储罐区
- 工业区
- 城市地区

些地下水的补给区可以分布在河流、湖泊等淡水水体的周围，由于补给区与地表水体相连，因此也容易受到地表污染物的影响，跟"近朱者赤，近墨者黑"一个道理。

再者是地下水排泄区，它就像地下的一个排水口，地下水会从这个排水口流出来，形成小溪、河流或者湖泊。

地下水是连通的整体，无论哪个部位被污染，最终都会影响其他区域。这些水是人类赖以生存的资源，我们必须时刻保护好地下水，避免污染物入侵。

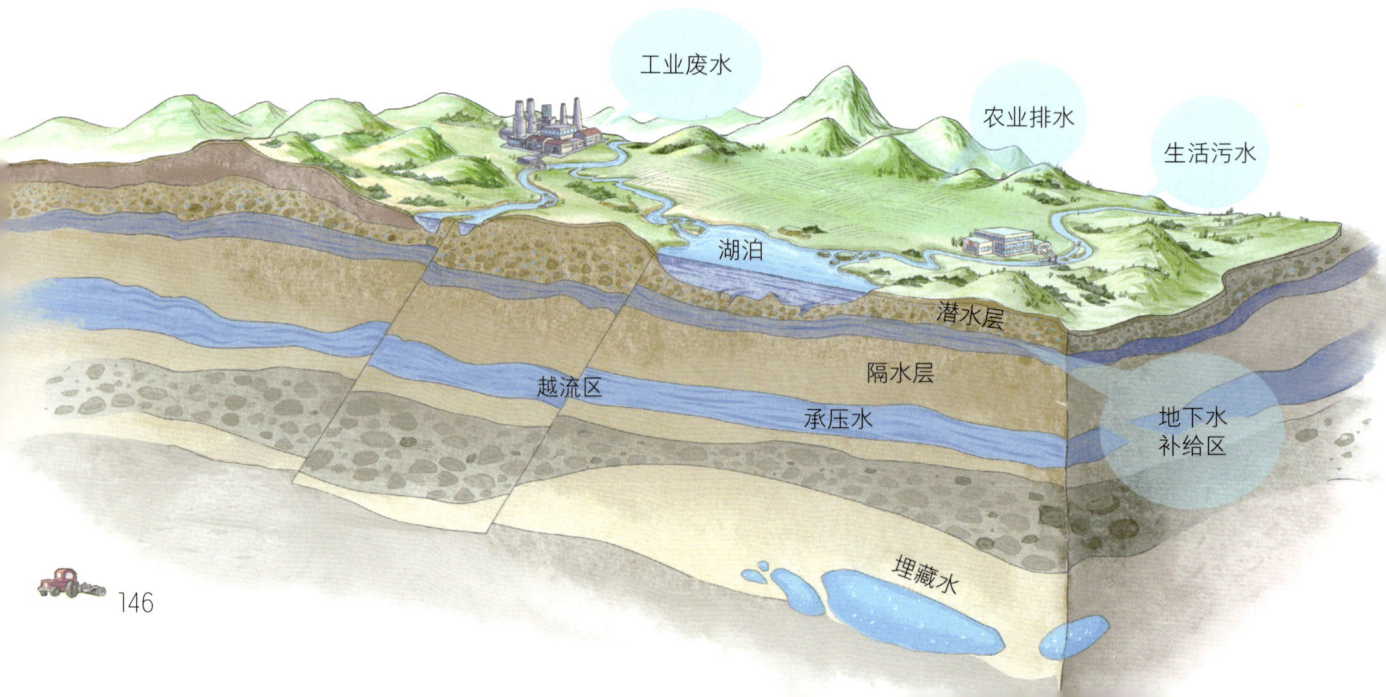

工业废水
农业排水
生活污水
湖泊
潜水层
隔水层
承压水
越流区
地下水补给区
埋藏水

什么活动会污染地下水？

在我们赖以生存的地球上，地下水这位无名英雄，默默地守护着人类。

它们是农业的"生命线"，是农田灌溉的主要水源，如果没有地下水，农田就会干涸，庄稼就会枯萎，我们的餐桌也会变得单调乏味。它们是工业的"血液"，为工厂的生产线提供了源源不断的水资源，使得工业能够顺利运转。在人们日常生活中，担当着"主力军"的重任，无论是家庭里的日常用水，还是公共设施的运行用水，抑或是关键时刻挺身而出的消防用水，都离不开地下水这位忠诚伙伴的默默付出和无私奉献。此外，地下水还肩负着维持生态平衡的使命。

它补给着地表水，维持着水循环的平衡，对气候调节也有重要作用。

可以说，地下水渗透到了我们生活的每一个角落。然而，人类在享受恩惠的同时，却总是忽略地下水污染问题。

就像一个无知的孩子，贪婪地吮吸母亲的乳汁，却在不知不觉中扼住了母亲的咽喉。

地下水污染根据来源可以分为农业污染、工业污染和生活污染，这恰恰跟地下水在农业、工业还有人类生活方面所做的贡献形成了鲜明的对比。

农业污染的来源是农药和化肥的过度使用、畜禽养殖废弃物的不当处理等。

农药和化肥就像森林里的干草，一旦使用不当，就会引发地下水的"火灾"。其中，农药对水生生物有毒害作用，并可能通过食物链对人类健康构成威胁。而化肥的过度使用，会导致地下水中的硝酸盐含量超标，长期饮用可能引发人体健康问题。

畜禽养殖废弃物中含有大量有害物质，比如氨、硫化物等，一旦处理不当，就会随着雨水渗透到地下，不仅污染地下水，还可能对周围环境造成严重破坏，并且久久不能恢复。

除此之外，不合理的农业活动也是污染地下水的一种方式。比如，不合理的灌溉，可能会导致土壤侵蚀和盐碱化。这些问题会影响土壤的结构和功能，降低它的保水能力，进而影响地下水的质量和含量。

工业污染主要源于工厂废水的排放、废弃物的填埋以及工厂的储罐、管道等设施的泄漏。

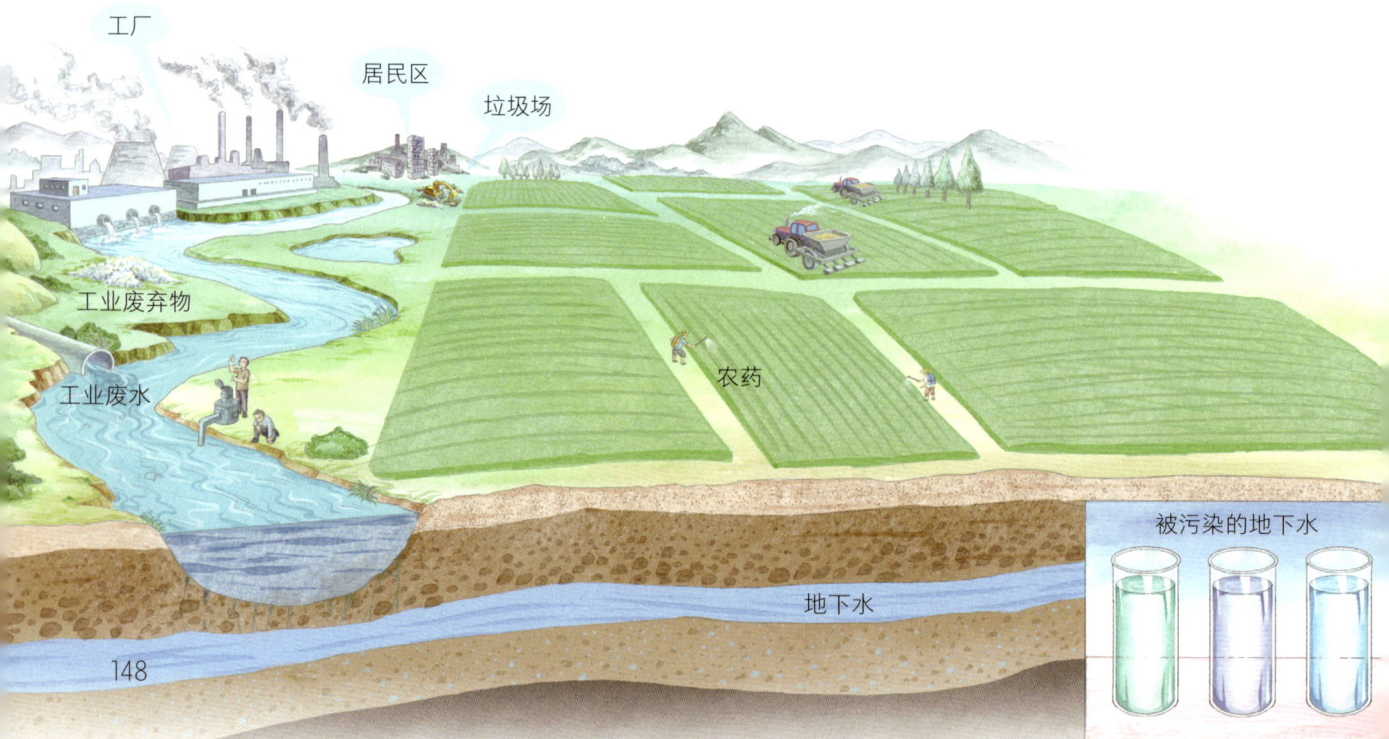

工厂

居民区

垃圾场

工业废弃物

工业废水

农药

地下水

被污染的地下水

工厂的废水如果未经处理就直接排入地下，废水里的铅、汞、镉等重金属，或者酚类、苯类等有机物，会导致严重的地下水污染，即使没有直接排入地下，也可能通过渗透作用进入地下水。还有工厂的废弃物，如果处理不当，比如随意堆积、随意填埋、随意焚烧等，可能会通过渗透方式污染地下水。工厂的储罐、管道等设施可能会发生泄漏，导致有毒物质和化学物质流入地下水。

生活污染主要来自城市生活污水、垃圾填埋场的渗漏等，可能含有有机物、微生物、重金属、营养物等，污染地下水。

生活污水中的有机物，在地下水中分解时会消耗氧气，导致水生生物缺氧死亡；而其中的微生物或重金属进入地下水，会对人体健康构成极大威胁。来自洗涤剂、粪便中的物质，比如氮、磷，也会污染饮用水，对人体产生危害。

随着工业化、城市化的快速发展，地下水正面临着严重的威胁。人类必须采取行动，保护好我们的生命之源。

重金属污染对婴儿的危害

地下水受到重金属污染可能引发蓝婴综合征，这是一种因硝酸盐污染导致的亚硝酸盐中毒现象。当婴儿摄入富含硝酸盐的水，硝酸盐可能转化为亚硝酸盐。这些亚硝酸盐与血红蛋白结合，形成无法携带氧气的高铁血红蛋白，导致皮肤呈现蓝色。

地下水污染物是固定不变的吗？

小水游历中亲眼目睹了各种奇形怪状还让人厌恶的地下水污染物，它们到处流窜，大肆破坏，把原来纯净的地下水世界搅得又脏又乱。

地下水一旦有一处被污染，整个地下就会变成一个大染缸。

这个大染缸里可能存在很多种污染物，比如各种重金属铅、汞、铬、镉、砷，还有各种有机物苯、甲苯、乙苯，这些物质可能来自不同的污染源，最终汇聚到地下水中，它们会在这个"大染缸"里彼此碰撞，发生各种各样的反应。

最常见的就是化学反应，这就像把一盒五彩斑斓的颜料混合在一起，结果产生了意想不到的颜色。化学反应时还常常会伴有发光、发热、变色、生成沉淀物等现象。常发生的化学反应有 **4** 种。

🌧️ 氧化还原反应

当地下水中的污染物遇到氧化剂，比如氧气时，会发生氧化反应。而当地下水中的还原剂，比如硫化物、亚铁离子等遇到污染物时，又会发生还原反应。氧化还

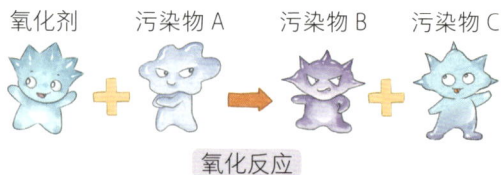

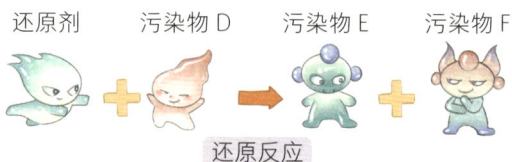

氧化剂 ＋ 污染物 A ➡️ 污染物 B ＋ 污染物 C
氧化反应

还原剂 ＋ 污染物 D ➡️ 污染物 E ＋ 污染物 F
还原反应

原反应会使污染物转化为其他化合物,从而改变它们的物理化学性质,有时还会变得有毒。

水解反应

地下水中的氢氧根离子攻击一些污染物中的原子,取代其位置与污染物相结合,这就是水解反应。水解反应就如同一场大型魔术秀,污染物和水分子结合在一起,变成了一种新的物质。这种反应可能会改变污染物的结构或性质。

污染物 G　含氢氧根物质　污染物 H

水解反应

络合反应

地下水中有许多离子或分子,它们就像一条条小的"魔法线",把污染物牢牢地绑住,使污染物不再四处漂荡。这些离子或分子与污染物之间的化学反应就是络合反应,它可能会改变污染物的溶解性、毒性或迁移性。

污染物 I　某分子　污染物 J

络合反应

沉淀反应

污染物所处的地下水环境发生改变时,如酸碱度、盐度等,原本可以自由地在水中穿梭的污染物会从地下水中析出,发生沉淀反应,变成固体沉降下来,它们溶解在地下水中的浓度也会因此下降。

某酸　污染物 J　污染物 L

沉淀反应

虽然这些化学反应听起来很有趣,但是它们可能会影响地下水的质量。小水是个有洁癖的小家伙，对这些脏兮兮的污染物避之不及，它才不想和这些"坏朋友们"混在一起。减少它们混入地下水中，重要的是从源头抓起，减少地下水污染物的产生和排放。

最严重的固体填埋污染

美国靠近尼加拉大瀑布有一条 1 000 米长的人工运河，这条运河干涸后，被美国一家电化学公司购买，作为垃圾仓库。1942—1953 年，在 11 年里，这个公司向运河中持续倾倒大量工业废物，包括各种酸、碱、氯化物、DDT 杀虫剂、复合溶剂、电路板和重金属。1953 年，这条充满各种有毒废弃物的运河被公司填埋覆盖后转赠给了当地的教育机构。

其实，当地的地下水、地表水、土壤等已被悄然污染。

从 1977 年开始，这里的居民不断出现各种怪病，孕妇无故流产、婴儿夭折、婴儿畸形、癫痫、直肠出血，1987 年，地面甚至开始渗出含有多种有毒物质的黑色液体。这一事件被称为"史上最严重的固体填埋污染事件"。

污染物会长时间存在吗?

美国加利福尼亚州科恩县的一处石油开采场，使用水力压裂法开采地下油气资源，这种开采方法通过向地下注入高压水来破碎岩石，释放出其中的油气。但裂解液和钻探废弃物会污染地下水，并随着地下水流逐渐扩散，污染含水层。污染物停留在含水层的时间短则两周，长则可达万年，甚至更久。当地的地下水要过多少年才能重新使用，仍是未解之谜。

地下水中的污染物会移动吗?

小水看到地下水里那些脏兮兮的污染物在开"化妆舞会"后,心里那个急啊,恨不得变身超级渔夫,拿个大网,把它们一网打尽,还地下水一个清清白白。

可是地下水中的污染物进入地下水之后,可不会老老实实地待在原地等着被抓,它们有的会随着水流游走,还有的会像找不到方向的无头苍蝇一样在地下到处乱窜。

那么,这些调皮的污染物到底是怎么运动的呢?

分子扩散

当地下水被污染时,污染物不仅会随着水流"搭顺风车"移动,还会像一群乱窜的小蚂蚁一样,靠分子自身的"随机散步"悄悄扩散——这就是分子扩散!

想象一下:滴一滴墨水到静止的水杯中,即使不搅拌,墨水也会慢慢晕染开来。这是因为墨水分子在水中不停地做无规则热运动,从浓度高的区域(墨水滴)自发"溜达"到浓度低的地方(清水),直到整杯水颜色均匀。地下水中的污染物分子扩散也是如此,只不过它们是在岩石、沙土的微小空隙里"钻来钻去"。

之所以会发生"分子扩散"是因为所有分子天生爱"乱动"(热运动),浓度高的地方"挤得慌",自然向周围"疏散"。这种扩散不需要水流驱动,就算地下水静止不动也会发生,但速度非常慢,可能每天只移动几厘米。

分子扩散相当于物理改变,只改变的污染物的位置,并没有改变它们的外表或者形态。

化学迁移

在绘画时，两种或多种颜色混合在一起，就会变成另一种颜色。地下水中的污染物也是这样，它们可能会和地下水中的其他物质发生化学反应，变成新的物质。这种新物质可能还会继续和别的物质发生反应，不断改变自己的颜色或者形态。这些新的化合物可能会发生溶解度、迁移能力和稳定性的改变，进而影响它们在地下水中的行为和去向。

化学迁移就是污染物本身改变了，变成了新的物质，拥有了新的特性。

分子扩散

生物迁移

生物迁移

地下水中的某些污染物可能会被一些微生物当成"食物"，被分解或转化成其他物质，也可能会被微生物吸附或携带着一起移动，这就是地下水污染物的生物迁移。

吸附和解吸

地下水中的一些污染物会被地下岩土牢牢地吸住，很难再释放出来，这个过程就是吸附。而有些污染物可能会被重新释放到地下水中，这个过程就是解吸。污染物在地下岩土介质中的吸附和解吸作用，也是影响它们迁移的重要方式。吸附可以使污染物在地下停留的时间变得更长，而解吸则可能导致污染物重新被释放到地下水中。

地下水中污染物的这些运动形式并不是孤立存在的，它们经常同时发生并且相互影响，也会影响污染物的空间分布和随时间的迁移路径。研究这些对人们进行地下水污染预测、地下水人工回灌和研究海岸带的咸水入侵有重要的作用。小水又想变身研究员，一起加入研究和清除有害物质的队伍中。

化学迁移
颜色改变

吸附和解吸

10

怎么保护
地下水？

地下水这个默默支持
人类生存的"生命之源"，
需要我们一起来守护哦！

保护地下水的途径

地下之旅的最后一程，小水终于看到了人类对地下水开展的"拯救大行动"。

这一路的旅程，小水认识到地下水如同我们的生命线，不仅是我们的饮用水水源，还是农业灌溉、工业生产、维持生态平衡等不可或缺的重要资源，我们必须要像爱惜生命一样坚定无比地保护它。

保护地下水最有效的一个途径是减少污染源的排放。要减少污染源的排放，就要找到污染源。地下水的污染根据来源分为农业污染、工业污染和生活污染。如果我们能够控制这 **3** 类污染物的排放，就能很大程度地避免地下水遭到污染。

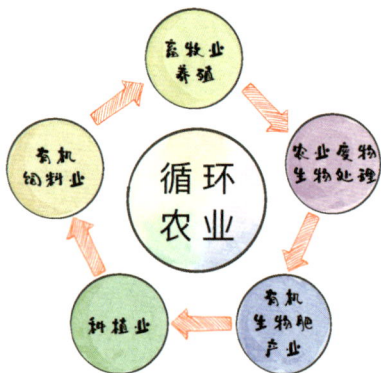

农业方面，化肥和农药的使用对地下水的影响甚远。为了减少对地下水的污染，农民要合理利用化肥和农药，积极采用有机肥料，让土地和地下水都"吃"得健康，大力发展生态农业、循环农业技术，减少对化学农药的依赖。

工业方面，工业废水的排放是地下水污染的"罪魁祸首"之一。因此，加强工业废水处理设施的建设和管理，严格制定工业企业的废水排放标准，是保护地下水资源的关键。

生活方面，城市生活污水和垃圾是重要的污染源，更是到处乱跑的"小麻烦"。我们应当加强城市垃圾处理和废弃物处置的管理，建立完善的垃圾分类、回收和处理体系，让这些"小麻烦"有地儿可去，有家可回。而对于危险废弃物这个"小恶魔"，更要严格按照法律法规进行安全处置，千万不能让它有机可乘，对地下水造成污染。对于城市污水，可以通过建设污水处理厂、下水道系统等设施，给污水也修建一条"回家的路"，然后进行处理，避免污水直接排放进入地下水。

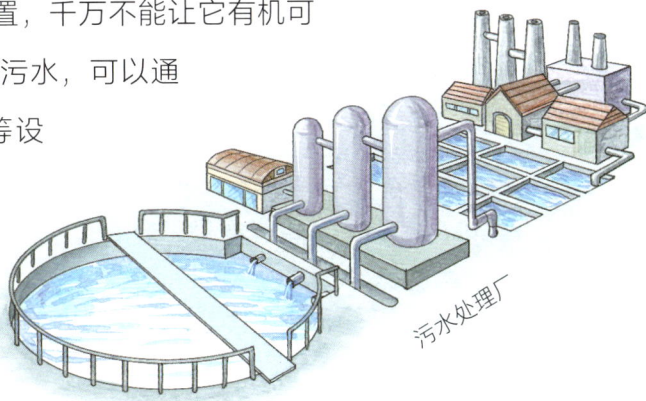

污水处理厂

除了减少污染源的排放，我们还可以这样保护地下水：

1　实施节水措施，改进农业灌溉技术、提高工业用水效率、推广节水器具等，以及在重要水源地建立保护区，严格控制人类活动，防止对地下水造成污染。

2　加大对地下水资源的监管力度，加强废水排放的监测和执法，确保工业废水的合规治理。对于违法排放、超标排放等行为，依法进行严厉打击。同时，采用先进的科技手段，比如遥感技术、GIS 技术等对地下水进行监测和管理，及时发现并解决潜在的问题。

3　通过教育和宣传，给大家打开了解地下水的"知识窗户"，提高公众对地下水保护的认识和意识。鼓励公众积极参与地下水保护行动，比如节约用水、避免乱扔垃圾等。

4　建立合理的土地利用规划。合理的土地利用规划可以防止土地过度开发对地下水造成的不良影响。在规划过程中，应考虑到地下水的补给和排泄条件，更加细心地考虑到地下水家族的生活习惯，尤其是要避免在补给区过度开发土地。

总而言之，减少地下水污染源是一场漫长又充满意义的接力赛，需要全社会每一个人都齐心协力、共同努力和长期坚持，并不是一朝一夕的事。只有每个人都认识到保护地下水的重要性，采取切实可行的措施，才能实现地下水资源的可持续利用。

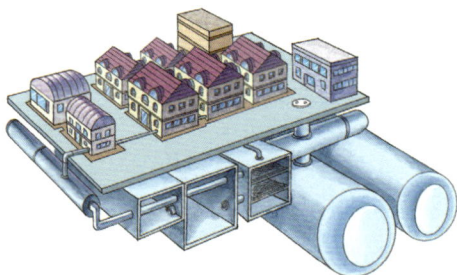

地下管道

雨水收集系统

澳大利亚虽然四面临海，但却是一个干旱的国家，因此他们采取了多项措施来保护水资源。澳大利亚的雨水收集系统是一种先进的水资源管理技术，目的是通过收集和储存雨水，为居民生活和农业灌溉提供可靠的水资源。这一系统不仅有助于减少对传统水源的依赖，还能在一定程度上缓解水资源短缺的问题。

在澳大利亚，雨水收集系统通常包括屋顶收集、地面收集和地下储存等多个部分。屋顶收集通过特殊的装置，将雨水从屋顶引至储存设施。地面收集则利用地面渗透和排水系统，将雨水导入地下储存设施。这些储存设施通常设有专门的过滤和消毒系统，以确保收集的雨水符合使用标准。

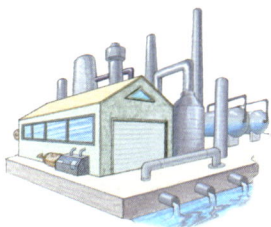

我国是怎么保护地下水的？

小水听说，我国对地下水的保护和利用走过了非常曲折的道路。

20 世纪 80 年代中期以后，随着社会快速发展，城市像不断膨胀的气球，越建越大，工厂也像雨后春笋，越建越多，但与此同时，我们缺乏科学合理的水资源管理理念和措施。于是，过度开采深层承压水和地下水污染的问题，如同两个不速之客出现在我们面前。

地下水超采这个"大麻烦"，会导致地下水位下降、地面沉降、海水入侵等一系列环境问题。比如华北地区因地下水超采形成了巨大的漏斗区，地面最大沉降量已经达到 **3.18** 米。

小水的探险笔记

时至今日，我们国家的地下水超采情况仍然比较严重。调查数据显示，全国有 21 个省（区、市）存在地下水超采问题，其中华北地区、长江三角洲和珠江三角洲，这三个人口较为稠密、工农业较发达的地区比较严重。

为了解决这个问题，我们采取了一系列的治理措施，其中最重要的一点就是节水。

有效的节水可以减少地下水开采量，减少了开采量，地下水超采导致的各种问题都可以有效缓解。为此我们想了很多办法，采取了很多措施。

我们加强了对农业、工业和城市用水的监管，推广节水技术和设备，提高人们的节水意识。在农业方面，推广滴灌、喷灌等节水灌溉方式，减少了水的浪费。在工业方面，加强了废水处理和循环利用，减少了新水的需求。在城市方面，加强了供水管网的维护和管理，减少了漏水现象的发生。

除此之外，我们还通过南水北调等工程，从外地调水来补充华北地区的地下水，给华北地区的地下水"输血"，使华北地区的地下水超采问题得到了有效治理。

除了地下水超采外，有一些地区的工业和生活污水直接排入地下，导致这些地区的地下水中含有大量的有机物、重金属、氮、磷等污染物，造成了地下水污染，给人们的生产和生活带来了极大的危害，造成了另一个"大麻烦"——地下水污染，面对这个问题，我们又是如何解决的呢？

首先，像严谨的侦探一样，加强地下水资源的调查和评价，摸清了地下水资源的分布、储量和质量状况，为合理开发利用提供了科学依据。其次，做个合格的"监管卫士"，加强地下水开发利用的规划和监管，限制地下水的开采量和开采深度，防止地下水过度开采和漏斗的形成。最后，成为忠诚的水质"守护者"，加强地下水污染的防治和治理，严格控制工业和生活污水的排放，保护地下水的水质。

通过这些措施的实施，我国地下水管理和保护工作取得了显著的成效。地下水位有一定恢复，水质明显改善，生态环境也得到了有效保护。人们的生产和生活用水有了保障的同时，也促进了经济社会的可持续发展。小水再次竖起了大拇指。

新加坡的水再生系统

新加坡是一个没有自然淡水资源的城市国家，采用创新的方法来解决供水问题。他们建立了世界上最大的水再生厂，解决水资源紧缺的难题。水再生技术采用先进的微过滤、反渗透膜、紫外线杀菌，将政府统一集中处理过的生活污水、工业污水进一步净化，形成高品质纯净水，实现水资源的循环利用，解决水资源紧缺的难题。

水再生系统

我们也能保护地下水？

小水在这里偷偷告诉你，其实你也是地下水的"守护神"哦～

无论从人类生存与发展的角度出发，还是从地球家园的生态角度出发，地下水家族都关乎我们每个人的利益。

那么问题来了：我们只是一个普通人，能为保护地下水做些什么呢？

减少污染物排放

例如日常生活中，将垃圾进行分类处理，尤其是那些有害的垃圾一定要单独处理，可千万别一股脑地全倒进垃圾填埋场，不然它们就会在那里捣乱哦；还有，千万别乱倒污水、脏水，地面的污水很可能会随着雨水等水流进入地下水中，污水得乖乖地送去集中处理；另外，含磷洗涤剂也要少用，这些洗涤剂如果随着水流进入地下水，也会污染地下水。

节约用水，使用环保产品

如果我们在家中安装节水器具，比如节水马桶、节水洗衣机这些超厉害的节水器具，既能少用点儿水，又能少排点儿污水；平时还可以收集雨水，用来浇浇花、冲冲厕所等，这样一来，自来水用得少了，污水自然也排得少了。最后，买东西时也睁大眼睛，尽量挑那些环保无污染的产品，别去碰那些含有毒有害物质的，不然它们又要去"欺负"地下水啦！

参与宣传活动

宣传前要深入了解地下水的形成和发展，它们在生态环境中的重要地位，以及它们如何影响我们的日常生活。还要了解地下水的现状、面临的主要问题和挑战、保护地下水的方法和策略。

我们可以通过多种渠道分享这些信息。比如，在社区、学校、工作场所等地方进行地下水保护宣传和教育；通过展览、海报等形式，向大家传达地下水的重要性以及如何保护地下水；利用社交媒体平台传播关于地下水的知识。

我们可以关注并支持地下水保护相关的科研项目，为科学研究提供支持或志愿帮助。科学研究可以深入了解地下水的形成、分布和变化规律，为地下水保护提供科学依据，是我们保护地下水、治理地下水不可或缺的科学参考。

我们还可以关注政府发布的地下水保护政策，了解当地的地下水状况，积极参与相关政策的讨论和建议。通过参与政策制定和实施过程，推动地下水保护工作的不断完善。

监督和举报

如果发现有企业或个人违法排放污水、堆放有害垃圾等行为，应该及时向有关部门举报，以维护地下水的水质。比如：

1 拨打 12369 环境保护举报热线进行举报。

2 向环保部门提交书面举报材料，详细说明污染情况、污染源、污染程度等。

3 在全国生态环境投诉举报平台上提交举报材料，这个平台提供了方便快捷的在线举报方式。

需要注意的是，在举报时，需要提供详细的证据和资料，以便环保部门能够及时处理和调查。同时，也要注意保护自己的安全和隐私。

总之，保护地下水就像组建一支"水源保护队"，需要我们每个人都来当小队员！从日常生活的点滴做起，减少污染，节约用水，保护好水源地。

国外节水小案例

美国亚利桑那州图森市夏季炎热，降水量少，蒸发量大，水资源非常紧张。为了解决这个问题，20 世纪 70 年代图森市建设了一个集雨水收集、处理、再利用为一体的大型工程，收集城市雨水，经过处理后送到城市灌溉系统，用于城市绿化、公园灌溉等。

法国注重节水宣传，各大电视台和广播电台每天都会播出节水公益广告，法国政府还不断向民众发放介绍节水窍门的小册子。这些做法使法国民众养成了自觉节水的习惯。在法国，很多居民不惜花重金安装生态淋浴系统，把过滤后的洗澡水重新倒入抽水马桶，这样可节省近 **40%** 的生活用水。

怎么修复污染的地下水？

小水在实验室里收获颇丰，它发现，地下水被污染后，也能像变魔术一样"洗白白"。看来，地下水也有"重生"的机会，只要用心呵护，就能重返清澈的怀抱。

随着人类的城市越建越大，地下水家族也跟着一起面临着严重的污染和过度开采的问题，这可引发了一连串的"悲剧"，出现了水质变差、水位下降、地面沉降等一系列后果。

如同生病的人需要治疗一样，地下水如果被污染，也需要进行修复。

修复地下水的过程就像医生给病人看病一样。

第一步，给地下水来个全身检查，确定污染的原因和程度。第二步，医生开始诊治，根据具体情况制订相应的修复计划，采用各种技术手段，包括源头控制、过程防范和末端治理等，最终目的是让地下水恢复健康，如同病人康复一样。

一般来说，如果地下水被重度污染，有效的"治疗方法"是抽出处理技术。这种方法通过建立一系列井群，将被污染的地下水抽送到地面。在地面上利用物理法、化学法和生物法等方式去除污染物。处理后的地下水一般有两个去向，一是直接使用，二是用于回灌。这种方法适用于地下环境中溶解性强的污染物处理，不适合去除吸附能力较强、渗透性较差或与水不相混溶的液体有机污染物。

如果地下水被中度或轻度污染，一般会采用可渗透反应墙技术。这是一种原位处理地下水的好方法，它就像一堵神奇的墙，插在受污染的地下水流动的地方，墙里的填充的材料可以吸附、转化污染物，然后从这堵墙里流出干净的水。这种技术的优点是可以在原位处理地下水并且很高效，不用大费周章地抽出来。

除了上述提到的两种技术外，还有一些非常有趣的方法，比如使用细菌"吃掉"污染物，也就是微生物修复技术，可以对污染物进行降解和转化。还有往地下注入化学药剂或气体，改变地下水的水质，这是原位修复技术中的原位物化法。

这些技术都很"神奇"，可以让污染的地下水重新变得干净和健康！不过，这些方法都有它们的适用范围和局限性，有些成本很高，因此在实际应用中需要根据具体情况选择合适的修复方法。同时，地下水修复是一个长期的过程，需要持续监测和管理，以确保修复效果。

小水温馨提示，虽然可以使用这些方法来修复地下水，但是既费时间、费人力，又费成本，而最简单的方法是从一开始就避免地下水污染。

死亡谷石花

有些地方的地下水中含有重金属污染物，经过长时间的沉淀和结晶，形成了具有特定形状和结构的矿物晶体。这些矿物晶体可能会聚集在一起，形成一些奇特的形状和图案。在美国加利福尼亚州的死亡谷地区，就有一些由石膏晶体形成的奇特形状和图案，它们被称为"死亡谷石花"。这些石花是地下水中的硫酸钙在结晶过程中形成的，经过长时间的地质作用和化学反应，形成了各种不同的形状。有些石花非常大，高达数米，看起来很壮观。目前，死亡谷石花已经成为死亡谷地区的一大景点，吸引了很多游客前来观赏和探索。

成功被修复的地下水有哪些？

小水听说了很多地下水"逆袭"的故事，一个比一个精彩。那些被污染的地下水，经过人类的妙手回春魔法，居然成功改头换面，摇身一变成了能被大家使用的好水。

这种"医术"虽然神奇，但就像治疗病人一样，很需要耐心和时间，不信？这里有几个现实中修复成功的案例。

因奥运会而被大家所熟知的北京奥林匹克公园就是一个成功修复地下水的案例。

2008 年北京奥运会为了给全世界的运动员和游客打造一个超安全的环境，北京市政府采取了一系列措施来治理和修复北京的地下水。整个过程简单地说就是让污水变干净再重新"装"回地下。

市政府建立了一个超级监测网，紧盯着地下水水质、水位等数据，然后完善排水系统，让污水和雨水"各走各的道"，分开处理。污水进入一个特别设置的人工湿地，利用湿地里的植物和微生物吸收和转化污水中的污染物，让污水变干净。干净的水再通过回灌系统，重新回到地下，增加地下水的水量，提高水质；雨水则通过收集系统用于公园的绿化、道路清洗等，减少了对地下水的开采。

建立湿地、植被等生态系统属于生态修复技术；将处理后的废水回灌到含水层中，增加地下水的补给属于地下水回灌技术。除此之外，还采用了防渗、隔离等物理修复技术，还有化学修复技术、生物修复技术等。这些技术综合作用，北京奥林匹克公园成功地修复了地下水，为奥运会提供了安全、健康的水资源。

　　还有很多地下水修复成功的案例。宁夏腾格里沙漠地区发生过严重的地下水污染事件。当地采取了<mark>抽提</mark>、<mark>原位生物修复</mark>等多种措施，经过数年的努力，污染物已经降解 **93%** 左右，地下水水质得到了明显改善。

　　天津滨海新区由于长期开采地下水，导致地下水位下降，形成了大面积的漏斗区。为了解决这一问题，政府采取了包括建立<mark>地下水回灌系统</mark>、<mark>加强用水管理</mark>、<mark>推广节水技术</mark>等多种措施，成功地恢复了地下水水位。

这些案例表明，采取科学有效的修复措施是可以成功地治理地下水的。不过，由于不同地区的地下水污染情况和治理难度不同，需要因地制宜采取合适的治理和修复措施。

小水的探险笔记

　　国外也有很多成功修复地下水的案例。美国加利福尼亚州的圣华金谷，通过建立地下水银行和实施水权制度，成功恢复了地下水水位。他们还采用滴灌、渗灌等节水灌溉方式，减少了对地下水的开采。

地下水修复要点

1 充分的前期调查和评估，比如了解地下水的污染程度、污染物种类和分布情况、地质条件等。这些信息有助于制订科学合理的修复方案。

2 选择合适的修复技术，例如，对于有机物污染，可以采用生物修复技术；对于重金属污染，可以采用化学沉淀法等。

3 加强工程管理和监督，确保修复技术的有效实施和对工程进度的控制，包括对修复设备的维护和管理、对工程质量的监督和控制等。

4 长期监测和维护，确保污染得到有效控制和管理，包括定期检测地下水质量，对可能存在的污染源进行监管和控制等。

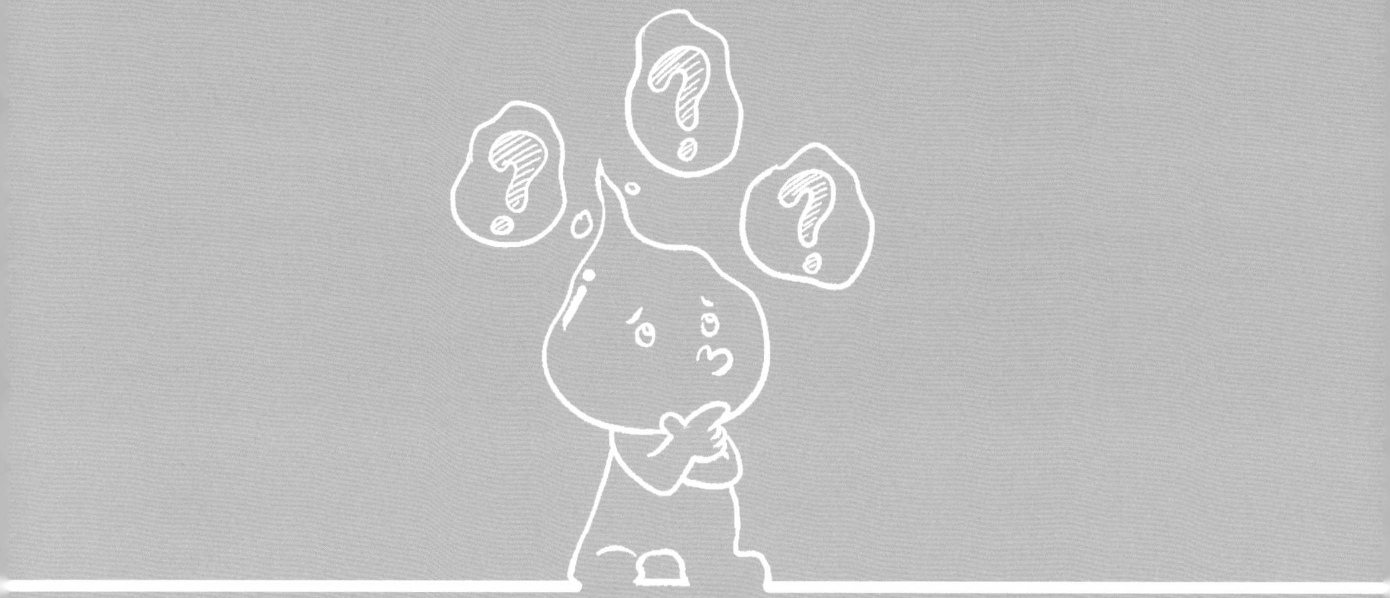

11

地下水
快问快答

小水的地下之旅结束了，它从天空到地面，再到地下，从平原到盆地，再到沙漠，最后来到实验室。这场旅行让它学到了很多知识。

1. 为什么我们喝的水是清澈的，而地下水有时是脏脏的？

地下水在地下流动时，会经过土壤和岩石，可能会携带周围的泥土和其他物质，变得浑浊，所以有时候会看起来脏脏的。但是通过过滤和处理，地下水也可以变得非常清澈，适合人类饮用。

2. 地下水和海洋里的水是一样的吗？

不完全一样。地下水是淡水，盐分很少，适合我们直接饮用。而海洋里的水是咸水，有很多盐分，我们不能直接喝。

3. 地下水会用完吗？

如果我们抽取地下水的速度比它自然补充的速度快，那么地下水位就会下降，可能会造成水资源短缺，甚至有用完的时候。所以我们需要合理利用地下水，保护水资源。

4. 我们可以去哪里看地下水？

我们可以去有地下水冒出来的地方，比如泉水、井或者人工开凿的洞穴，有时候在公园或者自然保护区也能看到地下水，但不要轻易触碰它们哦，我们还要喝它们呢。

5. 地下水里有生物吗？

有，地下水里通常有一些微生物和很小的生物，它们在地下形成了一个独特的生态系统。

6. 我们怎么知道地下有水呢？

要了解地下是否有水，科学家会用一些科学的方法和工具来探测，这就像玩一个地下水的"寻宝游戏"。比如通过挖井、钻探、地球物理勘探、卫星遥感等，找到地下水的位置。

7. 怎么确保地下水的质量和安全?

　　确保地下水的质量和安全是一个系统工程,所谓"系统"就是由很多方面一起发挥作用,比如:

- 制定和完善地下水保护相关的法律法规、技术指南和标准规范;
- 建立地下水监测网,及时发现和处理污染问题;
- 划定地下水饮用水水源保护区,从源头保证饮用水质量;
- 加强对工业废水、农业废水和生活污水的管理,确保达标排放;
- 对污染场地进行修复和管控,恢复地下水的质量;
- 鼓励和支持地下水保护相关的科技创新;
- 提高公众对地下水保护的意识。

8. 地下水管理和保护的法律与政策还有哪些?

- 法律法规有《中华人民共和国水法》《中华人民共和国水污染防治法》《中华人民共和国土壤污染防治法》《地下水管理条例》等。
- 政策文件有国家层面的《全国地下水污染防治规划(2011—2020年)》《水污染防治行动计划》《地下水保护利用管理办法》等。一些地方还制定了地方性的水资源管理与保护的法规和规章。
- 我们还签署了一些国际条约和协议,这些条约和协议为跨国界的水资源管理和保护提供了国际法依据。

9. 我国有哪些地下水监测制度和措施？

● 监测网络建设与维护

国家级地下水监测网络：建立了覆盖全国重点地区的地下水监测站点，定期进行地下水位、水质等要素的监测。

地方地下水监测网络：各地根据实际需要，设立省级、市级乃至县级地下水监测站，形成多层次的地下水监测体系。

企业自行监测：根据相关法律法规，强化地下水环境保护，明确各级政府部门、企事业单位和个人的地下水监测责任。

● 监测数据管理制度

严格执行监测数据的采集程序，确保数据的真实性、准确性和完整性，并按照规定周期向有关部门上报监测结果。

● 监测技术与方法更新

定期更新监测参数列表和分析方法，确保符合最新环境监测标准要求。

● 地下水环境质量调查与评估

开展地下水环境质量评估，及时发现并预警可能的污染风险。

10. 可以预测地下水的变化吗？

可以，建立数学模型模拟地下水的流动和变化，就可以预测不同条件下地下水的动态，这对水资源管理和规划非常重要。

11. 城市化影响地下水质量吗？

城市化过程中处理不当会影响地下水质量，比如：

● **水体污染**　随着城市化进程的加速，大量的生活污水和工业废水常常未经妥善处理或处理不达标就被排放到水体中，导致水体污染。

● **地下水超采**　城市化进程中，人口和产业向城市聚集，导致城市用水需求急剧增加。为了解决用水需求，大量超采地下水导致地下水位下降，甚至形成巨大的漏斗区。

● **减少地下水补给量**　不合理的土地利用方式，如大量建设绿地、道路等，占用了原本可用于自然水循环的湿地和河流，导致地下水的补给能力减弱。

● **影响降水**　城市化过程中，大量的建筑物和高密度的人口导致城市温度高于周围地区，这种现象称为热岛效应。热岛效应会影响城市降水的性质和降水量，使城市水资源更加紧张。

12. 农业活动也会影响地下水质量吗？

● 农业活动会影响地下水质量，并且影响是多方面的。

● 农业中大量使用化肥和农药，如果处理不当，这些化学物质会通过雨水、灌溉和土壤渗透等方式进入地下水，导致地下水中氮、磷、农药等有害物质含量超标，影响地下水质量。

● 农业中的畜牧业会产生畜禽粪便，如果未经处理，这些粪便中含有大量的氨氮、总磷、微生物等污染物，在雨水冲刷下会渗入地下水，造成地下水污染。

● 农业如果使用污水灌溉，含有有害物质，比如重金属、石油等，也会通过渗透污染地下水。

13. 地下水中的污染物有哪些?

● **化学污染物**

无机污染物:通常是汞、镉、铬、铅、砷等重金属,和氨氮、硝酸盐、亚硝酸盐、硫酸盐、氯化物、氟化物等非金属无机物。

有机污染物:苯系物(苯、甲苯、二甲苯等)、卤代烃类(氯代烃、多氯联苯等)、有机农药残留(滴滴涕、六六六等)、多环芳烃等各类持久性有机污染物。

● **生物污染物** 大肠杆菌等致病微生物。

● **放射性污染物** 总 α 放射性、总 β 放射性等放射性核素。

● **新污染物** 个人护理品、药品和个人活性物质(PPCPs)、微塑料、内分泌干扰物、全氟化合物(PFCs)等新型环境污染物。

14. 怎样降低家庭、农业和工业用水的消耗?

● **家庭用水** 安装节水器具,节水型洗衣机、洗碗机、马桶等。合理安排洗澡、洗衣时间,避免长时间用水,及时关闭不用的水龙头,避免家庭用水设备漏水。

● **农业用水** 推广节水灌溉技术,采用滴灌、喷灌等,避免漫灌和渗漏。改进农田水利设施,修建水渠、水塘等设施,提高灌溉水的利用率。发展耐旱作物,种植耐旱作物,降低用水量。

● **工业用水** 采用循环用水系统,减少新鲜水的使用量;采用节水工艺和设备,提高水的利用效率;对工业废水进行妥善处理,实现废水的循环利用或达标排放。

15. 过度开采地下水会影响我们的生活吗？

过度开采地下水会带来生态环境问题，甚至导致地质灾害，对人类生活产生影响：

● 可能会使地下水位持续下降，甚至地下水枯竭，导致地面沉降，出现地裂缝、建筑物开裂、基础设施损坏等问题；

● 可能会导致水质恶化，影响人类和动物的健康，甚至引发各种疾病；

● 还会导致土壤沙化，影响农作物的生长和产量，从而影响农业生产和粮食安全；

● 严重时会增加地质灾害的风险，如地震、山体滑坡等，对人类生命财产和自然环境造成严重破坏。

16. 水资源短缺会影响气候变化吗？

水资源短缺和气候变化是相互影响、互为因果的关系。全球气候变化会打破地球亿万年来形成的热量和水分平衡，加速水循环，改变全球水资源分配。这导致湿润的地区更加多雨，干旱的地区更加干旱，从而加剧了水资源短缺的问题。气候变化还会影响降雨模式、冰川融化、蒸发率等，这都会影响水资源的可利用量。

水资源短缺和过度开发也会对气候产生影响。比如，大规模抽取地下水会导致地下水水位下降，从而影响地表水径流和土壤湿度。这就改变了地表反射率、土壤湿度和蒸发量，进而影响气候。

17. 如何保护地下饮用水水源?

● **水源保护区划分**

根据《饮用水水源保护区划分技术规范》等规定，将地下水饮用水源划分为一级保护区、二级保护区和准保护区，分别设定不同的管理要求和限制措施，确保水源地周边区域的环境质量。

● **标志设立与警示**

在保护区边界设置明显地理界标和警示标志，提醒公众注意保护水源地不受破坏。

● **严格控制污染源**

禁止在一级保护区内新建、扩建与供水设施和水源保护无关的建设项目，禁止从事可能污染水源的活动，如农业生产、排污、倾倒废弃物等。加强对工农业污染源的监管，严控化肥、农药的施用量，减少面源污染。

● **水源涵养与生态修复**

加强水源地周边植被恢复和生态屏障建设，提升水源涵养能力。控制地下水开采强度，避免过度开采导致水位下降、水质恶化等问题。实施地下水回灌和补给措施，维持地下水生态系统平衡。

保护地下饮用水水源，人人有责

18. 为什么说保护地下水就是保护我们自己?

地下水是许多地区重要的饮用水源，也是农业灌溉和工业生产的重要资源。保护好地下水，就是保障了我们的健康和经济发展的基础。只有保护好地下水资源，才能确保我们和我们的子孙后代都有足够的干净水喝。

- **地下水**　是地面以下岩石空隙中的水，狭义上是指地下水面以下饱和含水层中的水。

- **地下热水**　地下水在一定地质条件下，因受地球内部热能影响而形成温度不同的热水。我国采用 **20~25 ℃** 作为热水下限，国外大多以 **20 ℃** 为冷热水温度界限，但一般都把高于当地年均气温的地下水称为热水。

- **地质结构**　在地球的内、外应力作用下，岩层或岩体发生变形或位移而遗留下来的形态。

- **含水层**　地质学上含水层常指土壤通气层以下的饱和层，能够储存和传导地下水，一般的野外条件下能够给出和透过相当数量水的地质层，通常由具有较高孔隙度和渗透性的岩石或沉积物组成，其介质孔隙完全充满水分。

- **隔水层**　指将地下水隔开的相对不透水的岩层或土层，渗透性极低，能够阻隔地下水的流动。一般将渗透系数小于 **0.001** 米 / 昼夜的岩层视为不透水层，如黏土、致密花岗岩，泥岩等，隔水是相对的，在相当大的的水力坡度下，不透水层也能透过和释放一定的水量。

- **薄膜水**　又称膜状水，当土壤水分达到最高吸湿水时，分子引力已不能再从空气中吸附水分；但在土粒表面仍有剩余的分子引力，一旦与液态水接触，分子引力就会继续把液态水吸附到土粒周围，增加水膜厚度，并在吸湿外层形成水膜，即为薄膜水。

- **毛细管水**　土壤中借毛细管力而保持在土壤空隙间的水，分为毛细管上升水和毛细管悬着水两种。土壤下层的地下水在毛细管力的作用下，沿着土壤孔隙上升的水分，就是毛细管上升水；当地下水较深时，毛细管力已不能吸引地下水达到土壤上层，但在降水、融雪或灌溉后，很多水分渗入土中，被毛细管保持下来，这部分水称毛细管悬着水。

- **矿化度**　矿化度指的是水中溶解固体总量的多少，通常用毫克／升表示。它反映了水体中矿物质的含量，常用于评价水质的咸度或矿物质含量。

- **包气带**　地面以下、潜水面以上的地带。该带内的土和岩石的空隙中没有被水充满，仍包含有空气。包气带中的水主要存在的形式是气态水、吸附水、薄膜水和毛细管水。当降水或地表水下渗时，可暂时出现重力水。

- **孔隙水**　孔隙水是存在于土壤、沉积物或岩石孔隙中的水。它是地下水的主要形式之一，其流动性和储存能力受孔隙的大小、连通性和饱和度等因素影响。

- **裂隙水**　指赋存于岩体裂隙中的地下水。具有较高的流动性和渗透性，与周围环境相互作用强烈，易受外界因素影响。

- **岩溶水**　又称喀斯特水，赋存于可溶性岩层的溶蚀裂隙和溶洞中的地下水，其特点是分布极不均匀。

- **潜水**　埋藏在地表以下第一个稳定隔水层以上具有自由水面的重力水。自由水面即为潜水面，从整体看它不承受除大气压力以外的任何附加压力，如静水压力。

- **承压水**　承压水是充满两个隔水层之间的含水层中的地下水，它有两种不同的埋藏类型，即埋藏在第一个稳定隔水层之上的潜水和埋藏在上下两个稳定隔水层之间的承压水。

- **冲积扇**　冲积扇是河流在流出山口后，由于坡度减小、水流速度降低而堆积形成的扇形沉积体。它通常由沙砾、泥沙等沉积物组成，常见于干旱和半干旱地区的山前地带。

- **溶蚀**　水对可溶性岩石的化学侵蚀过程。含有碳酸的雨水通过缝隙流入碳酸盐岩等可溶岩地层时，碳酸盐岩等可溶岩的构成物碳酸钙和碳酸发生反应生成碳酸氢钙，碳酸氢钙溶于水，随水迁移。

- **人工回灌**　采用人工措施将地表水或其他水源的水注入地下以补充地下水的过程。

- **水文地质单元**　由水文地质要素（补给区、排泄区、含水层、隔水层等）组成一个统一而完整的水文地质结构（单位）。

- **矿泉水**　地下深处自然涌出的或经人工揭露的、未受污染的地下矿水，含有一定量的矿物盐、微量元素或二氧化碳气体；通常情况下，其化学成分、流量、水温等动态在天然波动范围内相对稳定。矿泉水是在地层深部循环形成的，含有国家标准规定的矿物质及限定指标。

- **地下水补给**　含水层或含水系统从外界获得水量的过程。

- **地下水排泄**　含水层或含水系统失去水量的过程。

- **补给区**　地下水接受补给的地区，一般位于地下径流的上游地势较高的地方。

- **排泄区**　是排泄地下水的地区。它一般位于地下径流的下游地势较低的地方。

- **静水压力**　是由均质流体作用于一个物体上的压力，是一种全方位的力，并均匀地施向物体表面的各个部位。静水压力增大，会使受力物体的体积缩小，但不会改变物体的形状。

- **地下水污染**　人为活动产生的有害组分加入天然地下水，改变其物理、化学及生物性状，导致水质恶化。

- **氧化数**　反映化学反应中的电子迁移数或共价化合物中原子之间共用电子对的偏移数。

- **氧化还原反应**　物质失去电子、氧化数升高的半反应，称为氧化反应；物质获得电子、氧化数降低的反应，称为还原反应。

- **水解反应**　水体中的亲核基团（水或 OH^-）进攻有机物分子中的亲电基团（C、P 等原子），并取代一个离去基团的反应。

- **络合反应**　形成体与配体以配位键结合形成复杂化合物的反应。

- **吸附作用**　各种气体、蒸气以及溶液里的溶质被吸着在固体表面上的作用。

小水完成了一次地下之旅，在一个阳光明媚的日子，它再次升腾到天空中，与小伙伴们在云朵里相聚。一阵风吹来，它们随风飘向了远方……

图书在版编目（CIP）数据

一滴水的地下之旅 / 郑明霞等编著 . -- 北京 ： 中国纺织出版社有限公司，2025. 7. -- ISBN 978-7-5229-2262-1

Ⅰ . P641.13-49

中国国家版本馆 CIP 数据核字第 2024JB8185 号

责任编辑：林双双　向 隽　责任校对：高 涵　责任印制：储志伟

中国纺织出版社有限公司出版发行
地址：北京市朝阳区百子湾东里 A407 号楼　邮政编码：100124
销售电话：010—67004422　传真：010—87155801
http://www.c-textilep.com
中国纺织出版社天猫旗舰店
官方微博 http://weibo.com/2119887771
北京雅昌艺术印刷有限公司印刷　各地新华书店经销
2025 年 7 月第 1 版第 1 次印刷
开本：710 × 1000　1/12　印张：16
字数：160 千字　定价：98.00 元
